青春智囊团
上 海 社 会 科 学 院

NEW ERA
NEW YOUTHS

上海社会科学院
团员青年征文集

尚社青年奋斗
新时代

主　　编：笞　浩
副 主 编：任　捷　何　源
执行主编：李天驹

上海社会科学院出版社
SHANGHAI ACADEMY OF SOCIAL SCIENCES PRESS

序：尚社追梦人　奋斗新时代

这是一本关于尚社人追梦的文集。

新时代的号角已然吹响，每一个身处新时代的青年人，都在思考如何在这样的历史境遇中发挥自身作用。习近平总书记在全国宣传思想工作会议上强调指出，要建设具有中国特色、中国风格、中国气派的哲学社会科学。哲学社会科学，对整个社会的发展起着思想引领和价值引导的重要作用。因而，坚持和发展中国特色社会主义，哲学社会科学具有不容置疑的重要地位，哲学社会科学工作者肩负着不可替代的重要使命。作为我国最早成立、规模最大的地方社会科学院，上海社会科学院始终走在追梦和奋斗的路上，为中国特色哲学社会科学的建设披荆斩棘。

60年来，上海社会科学院始终坚持围绕中心、服务大局，在深化理论研究、加强决策服务、扩大学术交流等方面做了大量卓有成效的工作。特别是近年来，上海社会科学院大力实施智库建设和学科发展的双轮驱动发展战略，加快建设哲学社会科学创新的重要基地、马克思主义中国化的坚强阵地、国内外学术交流的重要平台、具有国内外重要影响力的国家高端智库，为国家和上海经济社会发展提供了强大智力支撑。这其中，饱含了无数年青的尚社追梦人挥洒的汗水、奉献的青春。

“铁肩担道义，妙手著文章”，中华民族伟大复兴中国梦的实现，是新时代青年社会科学工作者义不容辞的责任、使命和担当。“安然于无闻、执着于真知”“心系社稷、为国分忧”“工匠精神，择一事、终一生”“境界、信仰、为学、为师”“奋斗、担当、使命”“凌云志，肝胆宁忘一寸丹”“明德、求真、奋斗”……新时代尚社青年人并不是历史潮流的旁观者，他们正以“科研的狼性文化”，勇于拼搏、敢于创新、善于争先，披荆斩棘、奋勇开拓、“野蛮生长”，追赶时代大潮，并力争永立潮头，为构建中国特色哲学社会科学理论体系而不懈奋斗。

本书就是这样一本汇集了年青的尚社追梦人在奋斗新时代过程中点滴故事、点滴感想的文集。在新时代的历史定位中，我们该如何去理解这个时代、理解中国的社会现实？面对发展着的中国实践，我们该如何构建、完善中国特色哲学社会科学？立足各自平凡的岗位却又不平凡的追求，我们该如何完善自身、追求卓越？本书或许可以给你答案。

在这里，尚社青年科研人员从社科研究和智库建设角度，讲述了如何用智慧推进中国实践，资政谏言。尚社青年行政人员讲解了如何在行政工作中做好行政管理和日常服务，为国家高端智库的建设保驾护航。尚社青年学子讲述学习生活中的体会和感悟，为未来更好地投身于中国特色哲学社会科学建设打下扎实基础。

我们不一样，在各自的岗位和角色上发挥着不同的作用。我们都一样，携手为繁荣中国特色哲学社会科学和建设国家高端智库贡献力量。这是一支政治过硬、素质过硬、求实创新、能打胜仗的青年尚社人队伍。这是一群有组织力、有行动力的先进青年。踏实奋斗的主旋律，在上海社科院的上空永恒回荡。

感谢你打开这本文集。你打开的，正是年青尚社人的世界。

上海社会科学院党委副书记　王玉梅

目 录

行政人员篇

研究生篇

科研人员篇

李　骏

新时代中国青年的奋斗、担当和使命

李骏，香港科技大学博士，上海社会科学院社会学所所长，研究员，上海市青联委员、上海市徐汇区政协委员。主要从事当代中国社会研究，包括社会分层与流动、城市社会学、劳动社会学等。出版《中国城市劳动力市场的变迁与分层》《住房产权与政治参与》等著作，在《中国社会科学》《社会学研究》《社会》、*Chinese Sociological Review*、*Research in Social Stratification and Mobility* 等重要中英文学术刊物上发表论文二十余篇。先后获得上海社会科学院"张仲礼学术奖"和上海市"浦江人才""曙光计划""社科新人""青年拔尖人才"等荣誉或资助。

今年是五四运动 100 周年，新中国成立 70 周年。作为中国青年、上海青联的一分子，作为一位随改革开放成长起来的 80 后，作为一名青年社会学者，我想结合专业视角和个人经验，从 3 个方面来谈谈新时代中国青年的奋斗、担当和使命。

一、社会分层与青年的奋斗

当代中国青年不得不正视的一个事实是，青年与青年之间的差距拉大了。当有些快递或外卖小哥在为几十元的罚单落泪时,有些80后甚至90后已经坐拥千万身价。但要知道的是,这不仅仅是一个青年现象,也不仅仅是一个中国现象;因为,中国整体的社会分层在扩大,世界范围内的经济不平等也在加剧。不平等问题当然需要重视并改善——正如"盖茨比曲线"所揭示的那样,但同样重要的问题是,作为故事主角的青年,难道就只有变"宅"?只有成为"佛系"吗?我想,并不是。

纵向来看,受益于改革开放、现代化和市场转型,中国社会的代际流动率,后30年是远超前30年的。根据社会学的量化研究发现,近10年来,代际流动率虽然有下降苗头,但横向来看(例如与美国比较),仍然是较高的。这说明,机会窗口仍然较大。我也曾经研究过香港青年的失业问题,对比之下会发现,内地青年在社会流动上的优势更加明显。即使当上升通道不可避免地受教育扩张、经济下行等因素影响而收窄时,也只意味着更激烈的地位竞争,更需要发挥个人的主观能动性,而不是轻言放弃。所以,奋斗永远是青年的底色。

将奋斗作为一种精神和状态也是有学理依据的。管理学研究发现,努力决定了能力的产出和绩效极限;经济学研究发现,努力水平的提高可以弱化机会不平等的负面影响;心理学提出"可协商命运观",强调个体在接受无法完全掌握自身命运这一前提下,最大限度地发挥能动性,从而与命运进行协商的信念。所有这些社会科学研究结论都指向一个建议:奋斗!

二、代际差异与青年的担当

习近平总书记在主持中共中央政治局关于五四运动的历史意义和时代价值的集体学习时强调,要了解青年的优势和弱点,引导广大青年把树立远大理想和脚踏实地统一起来。那么,当代中国青年的优势和弱点是什么?这需要有代际比较的视角。

与老一代相比,青年的最大优势是受教育水平高。21世纪以来,高等教育从精英化进入大众化阶段,留学归国人员的数量和比例也在持续攀升。但是,也有专家毫不客气地指出,当今青年的一个普遍问题是间接经验发达、直接经验欠缺;书本知识学了不少,但对真实世界的了解和生产生活上的经验并不比上一辈人更多。在笔者的高校和科研机构同行中,80后的教授已不罕见。但作为从家门到学校门再到单位门的“三门”学者，是否“接地气”，是否认识了“真正的中国”，是否构建了“中国特色哲学社会科学”话语体系？值得反思。

我也曾经用“中国综合社会调查”数据分析过政治取向上的代际差异，一个值得关注的发现是，新生代在抽象的政治进步要求上更高，但在基层的政治建设作用上却更低。这就反映出，青年可能确实容易存在理论与实践脱节的问题。这不得不使我想到马克思的墓志铭——“哲学家们只是用不同的方式解释世界，问题在于改变世界”。正如习近平总书记在讲话中所指出的：马克思主义具有鲜明的实践品格，不仅致力于科学“解释世界”，而且致力于积极“改变世界”。在改变的征程中，毫无疑问，青年首当其冲，必须勇于担当。

三、国家发展与青年的使命

100 年前，中国青年“改变世界”的惊天之举是发起震惊中外的五四运动。在以五四运动为代表的青年爱国运动大潮中，一个耐人寻味的现象是，许多出身于上层乃至统治阶级的青年，反而背叛了他们的家庭和阶级，为国家、为工农呼喊奔走，甚至抛洒热血。我想，与千千万万的人民子弟兵捐躯沙场一样，若不是将自己的使命牢系于挽救国家民族于危亡，这些青年断然是不会作出这种选择的。

如今，新中国成立 70 华载，改革开放走过 40 春秋，神州大地早已从千疮百孔变得欣欣向荣。对这样一个和平发展稳定、物质生活极大丰富、个人选择充分多样的年代，有人称之为小时代，一个追求“小确幸”的时代。这种观点，从“小我”着眼无可厚非，但从“大我”来看就未免狭促了。上下五千年，“中国向何处去”的问题始终言犹在耳，只不过，100 年前是存亡问题，100 年后是发展问题。“小我”与“大我”的关系，其实就是个体与国家的关系。社会科学在研究代际差异时，提出了重要的 APC 模型，含义就是说代际差异很可能混淆了年龄和时期差异，而时期差异显然主要决定于国家的发展阶段。

当前国家处于什么发展阶段？当然是全面建成小康社会、夺取新时代中国特色社会主义伟大胜利、实现中华民族伟大复兴的中国梦。如果青年始终有一颗赤子之心和一腔家国情怀，那么就应当将自己的使命牢系于此，这正是新青年在新时代的新使命。

王　震

不要辜负这个伟大的时代

王震，上海社会科学院中国学所研究员和哈佛大学燕京学社2018—2019年度访问学者、法学博士，兼任上海反恐研究中心理事、中信改革发展研究院研究员等。曾先后赴以色列特拉维夫大学、美国伍德罗·威尔逊国际研究中心从事访问研究，并多次参与或主持国家社科基金、教育部、外交部、上海市社科规划办等委托的重要课题研究，目前正独立主持国家社科基金和国家民委有关课题。已在《社会科学》《现代国际关系》《国际政治研究》等学刊发表论文三十余篇，并参与编写专著章节十余部，出版有专著《一个超级大国的核外交：冷战转型时期美国核不扩散政策(1969—1976)》(2013)、《全球反恐战争问题新论》(2018)，翻译有《统治史》第一、第二卷(2009/2014)、《解读恐怖主义：恐怖组织、恐怖策略及其应对(第三版)》(2018)。部分研究成果曾获"第九届上海市决策咨询研究成果一等奖"、第十二届和十三届上海市哲学社会科学"内部探讨优秀成果奖"及"张仲礼学术奖"。此外，还曾入选国家民委"首批优秀中青年专家"和上海市教委"曙光学者"计划，并先后获得上海市"青年五四奖章"和"五一劳动奖章"。

一滴水可以折射出太阳的光辉。同样，每个人都是自己时代发展的缩影。2002年，我只身一人来到社科院攻读研究生，迄今已将近20年。在这十几年中，我从一名来自农村的研究生成长为一名研究员，从一名单身的“科研狗”变成了 2 个孩子的父亲。

2005 年，我毕业后第一次出国到以色列从事访问交流。尽管当时拿到了中国—以色列政府间交流项目资助，可是面对各种高昂的开销，每个月都不得不节衣缩食，挖空心思考虑如何才能最合理地支配手中的几百美元。2015 年之后，我在出访时蓦然发现，人民币一下子变得值钱了许多。在日本东京、德国法兰克福、英国伦敦，以及美国纽约等地的免税店和名品店里，到处都是熙熙攘攘的中国人，许多商家甚至开始专门提供中文说明和导购服务。

我在攻读研究生时，主要跟随导师们从事世界历史和国际问题领域的研究。用一句通俗话说，我们是吃“国际饭的”。可是，等我毕业后却突然发现，单纯的国际问题知识已经远远不够了。每次进行对外交流时，国外朋友感兴趣的已不仅仅是中国的外交政策，而是中国的国内发展和相关政策。曾几何时，一直不受关注的中国研究和中文也开始成了国际社会的显学之一。中国的一举一动开始成为国际社会关注的焦点，“中国崛起”和“一带一路”成了全球各大智库最为关切的研究议题，中国发展带来的“溢出效应”正在深刻地影响着国际政治领域的研究动向。

这让我想起了自己亲身经历的一件事情。2017 年，我在陪同一位社科界前辈赴河南农村调研时，他曾语重心长地对我说：“我们也许可以用某个概念、理论和学科去撰写一篇洋洋洒洒的论文，一部几十万言的专著。但是，要想理解当今中国面临的任何一个问题，绝不是某个概念、理论或学科所能解决的。”我一度为之茫然不解：到底是这个世界变了，还是我们自己变了？没有了教科书的我们，该如何去理解身处其中的这个时代？

作为改革开放后出生的这一代社科人，我们有幸目睹了波澜壮阔的中国改革开放历程，亲身经历了中国从短缺经济到生产过剩的巨大转变。在这过去的 40 年里，中国的人均 GDP 从 1978 年的 229 美元上升到 2018 年的 9 787 美元，高考录取率从 1978 年的 6%上升到 2018 年的 80%，汽车产量从 1978 年的不足 15 万辆增加到 2018 年的近 2 800 万辆……这个信息还可以继续拉长。无论从哪个角度来看，当今中国已经从当年中美苏大三角中最为弱小的角色成长为一个令某些西方大国焦躁不安的全球性力量。可是，在这些辉煌成绩的背后，我们也面临着不容忽视的巨大挑战：日趋严重的环境恶化，大面积的社会诚信危机，不断加剧的贫富分化，以及急剧变化乃至动荡频仍的外部国际环境。

这就是我们生活的时代，一个机遇和挑战并存的时代，一个国内社会与国际环境都在急剧变化的时代。正像英国著名作家狄更斯在《双城记》中所言："这是最好的时代，也是最坏的时代；是智慧的时代，也是愚蠢的时代；是信仰的时代，也是怀疑的时代；是光明的季节，也是黑暗的季节；是充满希望的春天，也是令人绝望的冬天。"然而，无论是蕴含在其中的挑战还是机遇，无论是光明还是黑暗，都需要我们这一代社科人提供一个令人信服的科学阐释，寻求一个合理的应对之道。

年轻的社科人，让我们一起来探索：如何才能不辜负这个时代？

徐　涛

新时代，在路上：记在美国访学回国之后

徐涛，中共党员，上海社会科学院历史研究所青年中心主任，副研究员，历史学博士，上海市“晨光计划”学者。从事中国近代史研究，着眼于上海城市的历史嬗变，承担国家社科基金项目 2 项，省部级课题 2 项。已出版专著 2 本，主编英文论文集 1 本，编著十余本，于 *Urban History*、《近代史研究》等海内外一流学术期刊上发表论文 40 余篇。曾荣获“孙中山与近代中国研究青年学术奖”一等奖、“张仲礼青年学术奖”等。

人文学科研究留给世人一些刻板印象，笔耕书斋就是其一。别的领域不敢置喙，就自己所从事的中国近代史而言，科研工作不仅在书斋，也在路上。

我的研究兴趣一直在近代中国，尤其聚焦于上海。近代以来的世界格局相较于前有很大的变化，人们在认识到地球是圆的同时，世界也变得越来越小、越来越平。全球范围内的人口、资本的流动书写了上海这座城市的传奇，也让对她着迷的人不得不走出国门，具备国际视野，才能寻得一个拼图的更多碎片，讲述一个吸引世人的中国故事。

我对“万国商团”探索的冲动来源于无知。这也许是因为万国商团是一高度国际化的社会组织，历史上先后共有英人甲队、英人乙队、美国队、中华队、俄国队、日本队、葡萄牙队、菲律宾队等共计 27 支分属连队组建，成员国籍涉及 20 多个民族、国家，“万国”冠之，名副其实。正因如此，万国商团的大量原始史料藏于海外，且语种多样。上一代的科研工作者出国已属不易，久待海外的机会更是求之不得，故而总是语焉不详。

新时代给了新一代科研工作者新的契机。

2016 年，我就“万国商团”这一研究主题提交了国家社科基金申请书，几月后便有了“中标”的消息。其实中标并不在我的意料之外，毕竟这一研究主题自己已经积累了 10 年，而国内相关研究依然阙如；而自己上一个国家项目于 2013 年结项评审“良好”，信誉与信心仍在。

但中标带来的喜悦却稍纵即逝，因为我知道：要上路了，而路上的艰辛也许会超越预期。完成国家交与自己的科研任务，不仅将是我至今 4—5 年的工作主题，也将是我生活的重心。

为了弄清楚万国商团这个跨国组织，几年间，我前后两次来到英国，后来是荷兰、韩国、中国香港等地。只要一有机会，我都会前往当地的图书馆、档案馆或是博物馆，搜集一手史料，为讲述一个中国故事，寻找尽可能完整的拼图碎片。

手边的史料越多，线索亦越明晰。美国，尤其是加利福尼亚州，是二战后那些“上海人”(Shanghailanders)——又被称为“中国通”(Old China Hands)——的聚居之处。欲完成这一课题，美国之行变得势在必行。然而此时，国家课题的 3 万元出国经费早已告竭。来自我院城市史创新团队的经费支持才使差点夭折的南加州之行成为可能。

学术之旅的下一站——美国，自 2018 年 10 月 15 日启程，至 2019 年 4 月 15 日归国，前后 182 天，我漂泊于南加州大学多亨尼图书馆东亚研究阅览室、旧金山的斯坦福大学胡佛研究所、洛杉矶北岭的加州州立大学奥威亚特图书馆、乔治亚州亚特兰大的埃默里大学、北卡罗来纳州的北卡教会山大学、杜克大学等地的文教机构。多少次，一个人游走于美国城市的街道上，一个人坐在静谧肃穆的书墙边,一个人与百余年来的个人日记、书信和官方文档"对话"。孤身一人海外访学的艰辛与快乐,如鱼饮水冷暖自知。

"山重水复疑无路,柳暗花明又一村"。每一个未知之境的探索,那种难以言表的获得感,都成为这一程学术之旅得以继续的理由与动力。

也是在路上,相近研究旨趣的朋友越聚越多,相关学术的国际影响力与日俱增。2017 年间,我与英国学者 Toby Lincoln 一同申请的 AHRC(英国艺术与人文研究委员会)项目"Postwar Urban Reconstruction in China"(中国二战后城市重建)成功立项,并顺利启动;我们共同主编的英文学术论文集 *The Habitable City in China: Urban History in the Twentieth Century*(《宜居之城:20 世纪的中国城市史》)也由知名的麦克米伦出版社刊行面市。万国商团不再尘封于故纸堆中,无人问津,它更多成为全球史视野中回看上海城市传奇的一个案例,被人谈起。

发扬五四精神,是新时代中国对于所有青年朋友们的共同要求。何其有幸如我,24 岁即进院工作,青春大部是与社科院联结。作为一名普通的社科界青年,发扬五四精神于我而言就是要有不断提高人文素养的自我要求,在学习中增加知识,在工作中增长才干,以真才实学服务人民,以创新创造贡献祖国。

我深知,任何知识的创新创造都绝不是一件容易的事儿。而自己对于上海城市历史秘境的探索也将一直在路上。

盛　垒

“工匠精神”当成新时代青年社科学者的应有本色和气质

盛垒，男，1982年生，湖南人，中共党员，上海社科院世界经济研究所国别与区域经济研究室副主任，副研究员，理学博士，近期研究的重点领域包括世界经济变革与中国经济转型、僵尸企业治理、“一带一路”建设等。主持国家社科基金青年项目1项，国家自然科学基金青年项目1项，省部级课题十余项。出版个人和集体著作8部，在《学术月刊》《复旦学报》《社会科学》《国际经济评论》等核心期刊发表论文七十余篇，多次被《新华文摘》《人大复印资料》等全文转载，在《解放日报》《文汇报》《社会科学报》等重要媒体发表文章十余篇。曾获上海社科院2018年度“张仲礼学术奖”（基础类）。

近年来，“工匠精神”被越来越多地提及并奉为圭臬，不仅成为社会广泛流行的网络红词，习近平总书记、李克强总理等党和国家领导人也都多次提到要“弘扬工匠精神，厚植工匠文化”。所谓“工匠精神”，指的是工匠对自己的产品精雕细琢，追求完美的精神，其主体当然是那些机械制造、工艺品创作等行业和领域的从业者。但随着社会的发展与时代的进步，其内涵和范围已远不限于此。如今，工匠精神已升华为一种文化，代表着精湛的技艺、严谨的态度、“择一事，终一生”的精神和学无止境的追求。试问，当今哪个地方、哪个行业、哪个岗位、哪个人不需要这种宝贵的“工匠精神”？工业产品制造离不开精益求精的品质精神，服务行业同样少不了用户至上的服务精神。而从学术研究特别是哲学社会科学研究的角度而言，学者要想取得一流的研究成果，精谨细腻的匠心品格更是不可或缺。

一、新时代哲学社会科学的繁荣发展呼唤“工匠精神”

一直以来，大众对社会科学普遍存在一种狭隘认知，认为相对于自然科学，哲学社会科学研究比较空泛，方法也不够严谨，甚至还有的将其看成是只会夸夸其谈的“伪科学”。事实上，哲学社会科学与自然科学都是“科学”的重要组成部分，且都有其独特的研究方法、手段和范式，只是表现形式各有不同。自然科学更注重借助繁复的科学实验去求索自然界的内在规律，而社会科学同样需要通过大量的社会实践求证社会发展规律，只不过社科研究并不局限于狭小的实验室空间，而是放眼于天下，通过实地调研和田野调查，更加贴近社会，走进百姓，由此了解经济社会的真实情况，从而获得符合当下社会现实的理论研究成果。正因如此，习近平总书记在哲学社会科学座谈会上强调指出，一个没有发达的自然科学的国家不可能走在世界前列，一个没有繁荣的哲学社会科学的国家也不可能走在世界前列。坚持和发展中国特色社会主义，哲学社会科学具有不可替代的重要地位，哲学社会科学工作者具有不可替代的重要作用。这是对哲学社会科学领域的高度认可，也是对从事哲学社会科学领域研究者的莫大鞭策。

当今世界正面临百年未有之大变局，而中国特色社会主义也进入了新时代。新时代的中国正经历着我国历史上最广泛而深刻的社会变革，同时也在进行人类历史上最为宏大而独特的实践创新。时代发展问题的高发期，不仅为从事哲学社会科学研究的科研工作者提供了丰沃的土壤和养分，同时也更需要哲学社会科学研究者努力沉潜，矢志做一名打磨社会的工匠，用精准的工匠眼光审视社会，以科学的立场深入研究社会，在学术争鸣和交流中发现新价值、新成果，用理论创新繁荣哲学社会科学。

二、让“工匠精神”涵养青春气质

工匠精神，需要坚守初心、执着专注，尤其是青年学者的传承。面对浮躁之气，能摒弃喧嚣，常怀赤子之心，是当今青年社科学者应有的品性，也只有静下来才能坐得住、做得好。身处新时代，大多数学者潜心研究、精益求精，创造了一大批优秀的精神产品，也产生了不胜枚举的学术大家和智库名家，其中也不乏年轻一代佼佼者。但不得不说，较之先辈们和大家名家那种高标准、严要求、肯钻研、能吃苦的劲头，时下的不少青年社科学者身上的确缺少了些守正创新、埋头苦干、爱岗敬业、精益求精的“工匠精神”，急功近利、滥竽充数、闭门造车、坐而论道等浮躁之风和歪风邪气开始有所增多。针对这些现象和问题，应倡导广大青年社科学者大力弘扬社科工匠精神，以工匠精神涵养青春正气，让科研匠心的优良传统在学术界代代相传下去。

一是不忘初心，保持本色。古人云：“心不专一，不能专诚。不专不诚，焉能成事?”社科学者担负着为党和人民述学立论、建言献策的重任，责任重大、使命光荣。在当今时代，经济社会迅猛发展，金钱和名利上的诱惑不断增多，让心沉静踏实下来并非易事。在这个浮躁与喧嚣的环境里，与其在大潮中扑腾，主要专注于名和利，不如偏安一隅，安坐冷板凳，努力做好自己热爱的事情。要想浮起来，必须先得沉下去。所有的光亮荣耀和如雷掌声终会逝去，只有这份虔诚之心会深入肌理，永不消失。尤其对青年学者来说，既然选择了学术研究这个行业，就要初心不改、忠心不变、重心不移，热爱本行、忠于本职，就要心无旁骛、深入钻研。只有脚踏实地，在自己的领域和岗位上践行“工匠精神”，常怀一颗匠人之心，才能成为一名新时代优秀的社科匠人。

二是好学苦学，精益求精。“台上一分钟，台下十年功”。青年学者的研究要想出色出彩，就必须多出力出汗，不断掌握新知识、熟悉新领域、开拓新视野，增强本领能力，加强调查研究，不断增强脚力、眼力、脑力、笔力。时常有人同我探讨发表论文和申报课题的成功诀窍，其实归根结底就是“精益求精”四个字。于我而言，每一篇学术论文、每一份研究报告、每一个课题申报书，我都会一字一句反复斟酌，修改数十遍甚至上百遍，直到一个字都无法改动才算完成。时间和自然规律赋予了青年人积极、乐观、向上、活泼的心态以及对新事物敢于尝新尝鲜的特质，但需要注意的是，抵达成功彼岸的道路，需要精益求精、追求卓越的“工匠精神”来铺就。因为，再“伟大的观念”也离不开“扎实的手艺”。落实在青年学者的科研工作上，就是要杜绝“差不多就行了”的念头，以百分百的努力来追求细节上的极致与完美。当然，社科研究绝不是拍脑袋和闭门造车，只有经常深入实地和基层开展调查和研究，感受鲜活的实践，获取原汁原味的素材，取得的研究成果才能接地气、管用解渴。

安然于无闻，执着于真知。科研匠心，既是一种坚守本心、求精求新的态度，又是一个人的沉潜和整个社会的沉淀。新时代的青年社科学者，应义不容辞地肩负起“匠心传承”和“上下求索”的重任，努力为繁荣发展中国哲学社会科学和中华民族伟大复兴贡献自己的力量。

赵　琦

明德、求真、奋斗

——一个尚社哲学人的中国梦

赵琦，中共党员，上海社会科学院哲学研究所副研究员，哲学博士。主攻伦理学、西欧中世纪哲学、中西思想比较，能以意大利语、拉丁语与英语等西方语言开展研究，擅长以通俗生动的语言展现研究对象的精神内核。荣获上海市青年拔尖人才、“上海社科新人”称号，主持国家社科基金青年课题1项，获上海市哲学社会科学优秀成果奖学科学术类奖项（著作）一项，在《哲学动态》《复旦学报》、*Asian Philosophy* 等国内外一流学术期刊发表论文多篇。

“为什么读哲学？”“读哲学有什么用？”从选择哲学作为专业的那天起，我就一直面对这样的质疑。对很多人来说，我选择了一个既难读又贫困的专业，更令他们无法理解的是，在欧美留学多年的我最终选择回国工作。虽然留学对于我纯粹是学术发展的需要，然而，对于是否选择哲学作为自己的专业乃至以哲学为业，我思考了很多年。在不同的阶段，我思考的侧重点不同。在本科二年级的下半学期，就读文科基地班的我面临选择专业，当时的我思考的是我是否有读好哲学的潜力。在硕士时期，我思考的是哲学究竟有什么价值，它是否值得我继续深造。在进入社科院工作之后，我考虑的问题更多了，我思考自己应该如何科学地拓展研究领域，将学术理想与国家的前途与民族的命运相结合；我思考新时代的哲学研究如何在古今中西之辩中从学徒走向成熟，真正走出一条理论创新之路；面对人工智能、基因工程等机遇与挑战，我思考什么样的哲学可能为中国乃至人类的可持续发展作出贡献。

尽管这些思考看似不同，我选择哲学与回国工作的初心始终如一。我的理想信念从来不曾动摇，那就是中华民族伟大复兴的中国梦不能没有哲学思想领域的建树。而哲学恰恰是最难有根本理论建树的领域之一，当代中国的哲学理论界呈现马克思主义哲学、中国哲学、西方哲学三足鼎立的现状，每种传统都发展出汗牛充栋的学术思潮与流派。当代中国的哲学研究不仅要深入理解中国化的马克思主义，也必须把握占据世界话语霸权并以现代文明自居的西方哲学与思想传统，与此同时，我们也到了重新解读中国人的传统思想与文化基因的重要历史时刻。

三类哲学不仅文献量大到惊人，其研究方法与学术传统的巨大差异对当代的哲学工作者也提出前所未有的挑战。马克思说真正的哲学是时代精神的精华，做好学徒成为某个门派的专家只是起点，真正的哲学要站在时代的前沿，处理好古今中西之间的矛盾，处理好国家前途、民族命运等重大课题。这样的哲学才有生命力，才是真正时代精神的精华，才是实现民族复兴的资粮。在这一理想信念的指引下，我的哲学研究围绕明德、求真、奋斗展开。

“大学之道，在明明德，在亲民，在止于至善”。古人从来不只是把思想当作一套外在的知识体系，而是从内圣走向外王的明德的过程。对于作为哲学工作者的我而言，明德以提升自我道德素养为开端，以习总书记提出的“为时代明德”为最高目标。反观思想史，大哲学家大思想家无不关心道德问题，也无不在道德领域作出超越前人的理论创新。明德不仅仅是做一个好人，更是像马克思那样指引人类走向更公平、更完善的发展之路。个人明德实现的是小德、为时代明德实现的是大德，大德需要以小德为起点。而受到西方学术研究与评价方式的影响，明德曾一度不为人所重视，“德”与“才”被割裂对待。然而，我以为在以成果为重要学术评判依据的现代学术体制下，学者更不能遗忘“明德”。虽然从短期看明德与学术成果没有多大联系，但是如果研究者忽视明德，学术研究很可能会变得急功近利，这可能让研究者遗忘初心，长久必会丧失对根本理论问题的兴趣与研究能力，更不用说为时代明德的使命。因此，虽然学习西方哲学多年，我一直提醒自己秉持老一辈知识分子的家国情怀，不忘理论工作者的使命。

明德需要坚持求真，即需要扎根于中国社会的现实。哲学一直以追求真理为己任，中国人曾以“求道”表达这一品格，今天则以“求真”表达哲学的气节。真理在哪呢？习总书记说“一切有价值、有意义的文艺创作和学术研究，都应该反映现实、观照现实，都应该有利于解决现实问题、回答现实课题”。古人说道在百姓的日用之间，而我们时代的真理就体现在当代人的现实生活中。那又应当如何去解决现实问题呢？要解决现实问题第一步是要知道问题出在哪里，以问题为导向才能客观评判各种学术理论与思潮，去伪存真、博采众长，最终作出符合时代需求的理论创新。对于长期处于象牙塔中的我而言，要从哲学的高度理解当今社会纷繁复杂的现实乃至解决现实问题并非易事。它要求我了解中国不同地区不同发展阶段人们的生活与思想现状。这本来很难实现，好在上海社科院给每位科研人员提供了大量深入社会的学习机会，我参与过上海高新技术产业开发区、景德镇工匠艺术文化以及社会主义新农村建设等各种类型的调研，还曾获得在市委宣传部工作的机会，未来我还会参与更多各个方面的调研活动。这些经历帮助我理解中国社会的现实，也将为我的理论创新打下求真务实的基础。

有了明德的追求与求真务实的学术态度还不够，任何事业的成就都离不开永不止息的奋斗。实现小康社会是这样，哲学研究也是一样。在意大利求学期间，我在短短 4 个月内从上课几乎听不懂一句话到能以意大利语参加考试，并取得比多数意大利人更好的成绩。因为选课多没有午休时间，我每天要熬到下午 4 点多才能吃上自己做的午饭；从阅读一面文献材料就要三四个小时到能够用意大利语写论文，期间不知道付出了多少汗水与泪水。每每在我回放课程录音、阅读意大利语文献时，每每在我奋战到凌晨、被疲倦笼罩时，学生宿舍楼却传来意大利同学歌剧般高昂的谈笑声，我的内心也曾有过波动。我也想过放弃海外的联合培养，放弃研究艰深的中世纪哲学，回到复旦，另择博士论文的题目。但是我不能回来，我的奖学金是意大利校方提供的，我代表一名中国学者和中国人的形象，也肩负未来中国学者赴该校深造的希望。我不仅要上好所有的课程，还要为我联合培养的博士论文题目做好各种准备。为了更好地了解中世纪的思想，我还到古典学系选修拉丁语，用一门不熟悉的语言学习另外一门更难的古典语言。最终我用了两年的时间完成了意方 3 年的课程，并获得荣誉毕业的殊荣，为自己争取到赴美从事博士后工作的机会。这一切完全是靠艰苦奋斗来的。10 年后回顾往昔，我自知很难像当初那样废寝忘食、不顾一切地努力拼搏，但是我一直提醒自己，不能遗忘初心、不能放弃奋斗。我的学术理想从来不只是成为某个西方思想家的学徒，如果我不能不断充实拓展自己，不断前进，先前的努力也将付诸东流。成绩只属于过去，未来只属于坚持奋斗的人。

任何伟大事业都始于梦想，实现于脚踏实地的艰苦奋斗。作为一名哲学工作者，我的中国梦是当代中国能够出现伟大的哲学，能产生伟大的思想，真正承担起哲学本该有的为民族“培根铸魂”的神圣职责(习近平总书记语)，为世界贡献属于当代中国的智慧。依仗上海社科院这一卓越的学术与智库平台，我有信心和哲学所的同仁不断向这一目标迈进。

常方舟

描绘时代青年精神图谱，坚定当代文化自信之路

常方舟，中共党员，上海社会科学院文学研究所助理研究员。研究方向为中国文学与公共文化。

我是来自上海社会科学院文学研究所的常方舟。我的工作是研究和阐释当下流行的文化现象，为政府的文化决策咨询提供参考。为了了解当代青年们正在做什么、想什么，我选择几个最近流行的青年文化关键词和大家分享。

2018 年，中国的网络大电影成了爆款。这背后就有着小镇青年活跃的身影。他们生活在二三线城市、县城和城乡结合部，最常用的 App 是拼多多和抖音。他们是《战狼 2》和《前任 3》的忠实观众。如果你不知道什么叫社会摇，那么他们就是你永远都得不到的人。

在改革春风吹满地的背景下，有一群人成了青年亚文化研究的对象，他们就是御宅族。对他们来说，手够不到的地方，都是他乡，床以外的地方，都是远方。他们点的不是外卖，而是每天仅有的见人的机会。

下面这句歌词来自一首充满争议的古风歌曲《盗将行》，“你的笑像一条恶犬，撞乱了我心弦。”不管它通不通顺，好不好听，古风青年已经遥遥走在了时代的前列。他们穿着仿汉唐的服装，在各大公园的樱花季里，抖落了一世风华。

山东临沂的“网络成瘾戒治中心”曾经持续霸占新浪微博的热搜排行榜，它是所有网游青年心口的一颗朱砂痣。有人开玩笑说，中国移动移不动，中国联通联不通，中国电信杨永信。在不少家长看来，网络游戏的青年也许能力不突出，颜值不突出，腰椎间盘往往很突出。

上面的四种描述都流露出一丝丝嫌弃，但在很大程度上这也仅仅是一种管见和偏见。这样的一群青年人，其实不在别处，不是别人，是你，是他，也是我。只要撕掉固有标签，打破刻板印象，我们就能看到当代新青年同样拥有属于他们的高光时刻，创造着开阔宏大的新新文化，构筑着自强不息的精神家园。

小镇青年“华农兄弟”在西瓜视频上发布的竹鼠养殖和乡村生活题材 vlog 每期都能收获几百万的点击量。他们的话语很朴素，风景很平实，却忠实地记录了当代中国农村生活的鲜活画面。小镇青年最热门的创业种类是饮食业、演艺产业和养殖业。每年，快手平台要发布 28 亿条的视频，这些视频累计获得 800 亿点赞和 180 亿评论。小镇青年可以说是当代中国文化生活的重要记录者和观察者，带动了青年创新创业的潮流。

网络文学作家血红曾经受邀来到社科院文学所，出席网络文学研究座谈会。客观来讲，他并不擅长交谈这件事，说话的时候眼睛会一直朝下看。他很宅，但这并不妨碍他成为当代网络文学的重要作者之一。他最快的写作速度是每小时 8 600 多字，最多的一天更新了长达 9 万字的文本。中国的网络文学正在走出中国，走向世界。网络文学翻译网站的月活海外读者数超过 550 万，签约作家突破 2 000 人。网络文学正逐渐汇入中国文化走出去的涓涓细流，体现了中国当代文化产品的核心竞争力。

虚拟偶像“乐正绫”演绎的中国风原创歌曲《繁华唱遍》，在歌词中融入了

70 多个传统戏曲曲牌名，上线当天点击率破万。而另一首抖音热门歌曲《生僻字》集结了 70 多个生僻的中国汉字，很多老外也纷纷挑战，很快催生了日文版的同名歌曲。在著名弹幕网站 Bilibili 上，投稿国风视频的人当中，有 70%的年龄在 18—24 岁之间。所以说，青年人已经成为最热衷于传承与复兴优秀传统文化的群体，新生代国风正潮流。

2018 年与杨永信交替刷屏的一条新闻是，2018 年，中国电竞国家队赢得了第十八届亚运会"王者荣耀国际版"的金牌。后来，IG 电竞俱乐部作为首支中国参赛队夺得了 2018"英雄联盟"全球总决赛的冠军。如今，上海致力于打造中国电竞之都，电竞服务业是互联网＋新业态的重要产业。电竞青年正蓄势待发，为文化产业的创新发展输送新鲜血液。

有这么一群人，被标榜为佛系青年。他们主张"随缘"，觉得"怎样都好"，习惯"云淡风轻"，偶尔也会在微博上转发锦鲤。但在大是大非、风起云涌面前，他们从不退缩，永不畏惧。他们有诗和远方的田野，却始终不忘家国和边关的信念。他们逆火前行，化作森严壁垒，用血肉之躯投身烈火炼狱；他们众志成城，在贸易战前空前团结，坚定自主创新的决心。

再过几个月，20 后就要登上历史舞台了，大家都说，20 后看 90 后，就像 90 后看 60 后。一时代有一时代之青年，一时代之青年有一时代之文化。养生壶里的水可能有些凉，保温杯里的枸杞还是热的，对头发的调侃最终都应验到了自己的头上，但我们谁都摆脱不了青年成长的真香定律。无论是宅兹中国，还是出走半生，当代青年都在流动的生命中挑战自我，追梦人生，始终葆有一颗赤子之心，用青春拥抱时代，用自信迎接未来。

这是最好的年月，这是智慧的年代，这是信仰的新纪元，这是光明的季节，这是希望的春天。也许我们有点佛，也许还有那么一点点丧，但是我们都在用自己的方式燃烧着卡路里，我们终将拥有一切，终将成为一切，用过去联结未来，从自省走向自信。这就是新时代青年最亮的底色。

邓智团

“杨花榆荚无才思，惟解漫天作雪飞”

——“尚社青稞”的成长路

邓智团，中共党员，上海社会科学院智库建设处副处长、城市与人口发展研究所城市战略与规划研究室主任，研究员，经济学博士。从事城市创新、城市经济与城市发展研究。主持国家社科和自科项目2项、省部级课题近10项，出版《驱动结构与城市发展》等专著5部，在《中国工业经济》等核心期刊发表论文二十余篇，在《解放日报》等媒体发表文章十余篇。入选上海市“曙光人才计划”(2017)，获得上海市“五四青年奖章”(2017)、上海社会科学院“张仲礼学术奖”(2017)、上海市第十四届哲学社会科学优秀成果奖二等奖2项(2018)。

2008年从我院博士毕业，深知上海社科院是一个卧虎藏龙、“百花竞放春满园”的地方。正所谓“杨花榆荚无才思，惟解漫天作雪飞”，作为一名上海社科院青年科研人员本就应该努力提升自己，为社科院的发展添砖加瓦。刚刚迈开步子的科研路，虽然心里有些忐忑，但仍然十分乐意与大家分享自己的成长体会，也请各位师长和同仁批评指正。

一是个人的成长离不开独具特色、蒸蒸日上的组织平台。上海社科院兼具高校学术研究和智库决策咨询两大功能，但社科院不是高校，也不是咨询公司，这自然给“尚社青稞”创造了独特的成长道路。我有一个不太恰当的比喻：学科研究好比“种土豆”，决策咨询好比“炸薯片”，好的薯片需要有好的土豆来保证品质，而好的土豆需要转化为口感更好的薯片来扩大市场。因此，社科院的青年科研人员，不仅要具备“种出好土豆”，具备做好学科研究的理论素养，同时还须培养“炸出好薯片”做好决策咨询的方法技能，两者相辅相成，相得益彰。众所周知，上海社科院一直是国内重要的学术研究重镇，现在又是首批25家国家高端智库试点单位之一，通过实施学科与智库的双轮驱动战略，社科院的发展蒸蒸日上。借此平台，作为青年科研人员的我，也能获得对高校“青椒”来说很难得到的大量决策咨询课题，让我获得了非常难得的学习历练机会，让我既能通过决策咨询中发现的热点难点问题，写出的学术论文也更具应用价值，同时也能为申请纵向课题提供好的选题。因此，社科院独具特色的平台，往雅了说，在帮助我试着运用理论指导实践的同时，也获得了基于实践完善理论的机会；往俗了说，缓解了我在上海的生活压力，让我也有更多精力来专注于这个曾经被调侃为富人游戏的科学研究。

二是个人的成长离不开宽松和谐、共建共享的合作团队。本人来自城市与人口发展研究所。在城人所这个大团队中，宽松和谐的科研与人际环境，营造了和谐的科研氛围。从曾经作为城市战略与规划研究室成员为核心的小团队，在大家的共同努力下，先后成为市软科学创新基地和市决策咨询工作室。可以说，宽松和谐的大团队和共建共享的小团队，使我较顺利地获得“种土豆”和“炸薯片”的双重锻炼，为自己近年来独立开展研究和咨询打下了良好的基础，并积累了国家重大和重点课题申请的宝贵经验。作为团队成员，我深深感受到，各有所长的团队结构、宽松和谐的团队氛围和共建共享的团队理念，有助于汇聚集体的智慧和力量，揽大项目、出大成果，也使每个团队成员都能得到学习，获得成长。

三是个人的成长离不开刨根问底、聚沙成塔的学术坚持。过去8年里，我出版了多部学术专著，在《中国工业经济》等权威期刊发表论文，主持国家自科项目和国家社科重大子课题等近10项市级以上纵向课题，也获得市哲学社会科学成果奖和我院“张仲礼学术奖”等学术荣誉。回头看这些成果，可以说，正是聚沙成塔的阶段结果，这些点点滴滴的积累并不散乱，都是围绕相互关联主题的持续研究。如学术专著《伦敦全球城市发展研究》主要是基于撰写《国际城市动态周报》过程中，连续6年跟踪伦敦所形成的成果积累。再如当前主持的市科委软科学重点项目，则是来自关于上海园区转型的横向社会课题以及基于此撰写学术论文后的持续跟踪和深化。因此，如果一定要把这些经历汇聚成一句话总结，那就是科学研究必须抱着刨根问底、聚沙成塔的学术态度，并持之以恒。

我们都知道，在气压较低的青藏高原再怎么努力也烧不开一壶水，说明做事情平台很重要；俗话说“三个臭皮匠顶个诸葛亮”，说明做事情团队很重要；而耳熟能详的龟兔赛跑寓言则告诉我们，做事情坚持很重要。作为青年科研人员，在国家高度重视哲学社会科学发展和智库建设的大好机遇面前，凭借独具特色蒸蒸日上的组织平台、宽松和谐共建共享的合作团队以及刨根问底聚沙成塔的学术坚持，相信我们都能“种出好土豆、炸出好薯片”，科研的道路会越走越宽。

李　凌

青年科研人员要有点“狼性文化”

李凌，中共党员，上海社会科学院智库研究中心副主任，副研究员，经济学博士，上海高校智库研究和管理中心兼职研究员，澎湃智库观察专栏作者。主要研究领域：智库研究、发展经济学。主持国家社科基金课题2项、省部级课题8项；出版专（合）著8部；在CER（SSCI）、《经济学动态》《数量经济技术经济研究》等核心期刊发表论文20多篇；在《光明日报》《经济日报》等重要媒体发表文章30多篇。获上海市“曙光学者”称号、上海社会科学院“张仲礼学术奖”。获上海市决策咨询成果二等奖，上海市中国特色社会主义理论体系研究优秀成果二等奖，上海市哲学社会科学优秀成果内部探讨奖，全国优秀皮书报告一、三等奖。

青年是标志时代的最灵敏的晴雨表。时代的责任赋予青年，时代的光荣属于青年。习近平总书记曾在多个场合对我们青年人提出殷切嘱托：2014年在北大座谈时，他提出“勤学、修德、明辨、笃实”的“八字真经”；2015年中华全国青年联合会第十二届委员会全体会议开幕时，他在贺信中留下“志存高远、德才并重、情理兼修、勇于开拓”的“十六字诀”；2016年在知识分子、劳动模范、青年代表座谈会上，总书记劝诫青年人，要“如饥似渴、孜孜不倦学习，既多读有字之书，也多读无字之书，注重学习人生经验和社会知识”；2017 年在中国政法大学，总书记再次语重心长地谆谆教导青年人：“处优而不养尊，受挫而不短志”；2018 年他再次来到北大，给广大青年提出了“爱国、励志、求真、力行”的新要求。2019 年适逢五四百年、中华人民共和国成立 70 周年，回首中国崛起之路，作为一名科研人员，我们应当如何传承五四精神、激发青春力量？在系统学习了党的十九大精神和习近平总书记《加强对五四运动和五四精神的研究　激励广大青年为民族复兴不懈奋斗》讲话精神之后，结合我在上海社会科学院工作和学习的这段经历，从多出高质量科研成果的角度，我深切地感受到，除了要严谨、勤奋、踏实外，青年科研人员，还要有点“狼性文化”，要学会“野蛮生长”。

科研的“狼性文化”，要勇于拼搏，要富于“韧劲”，坚持培养研究毅力，不要患得患失。“失败是成功之母”。论文投稿被退是家常便饭，我手头每年都有几篇论文发不出去，几年积压在一起就变成了“烂尾楼”，每年不断地修改、不断地完善。刚入职那会儿一年里写了十几份课题申报书，没有一份中标，但为后来的课题立项奠定了基础。国家课题申请了 6 次，前 5 次全都失败了，但没有前面 5 次的失败，就不会有第 6 次的成功；曾 3 次入围张仲礼学术奖答辩环节，前面 2 次均成了“炮灰”，最后一次全票通过。我认为，失败并不是问题，但如果失败阻碍了前进的步伐，那就有问题了。做科研，需要“人脑＋电脑”，需要“脚力、眼力、脑力、笔力”四力并用，需要不畏艰难困苦和向前冲的勇气和决心。我所在的智库研究中心从 2013 年起在国内最先研制和发布《中国智库报告》，开智库排名研究之先河，一做就是 6 年，持续优化提升报告质量，逐渐形成了“立足中国、借鉴国外；把握当下、面向未来”的工作思路，在业界获得了一定的知名度和影响力。

科研的“狼性文化”，要敢于创新，要做成“杂家”，培养学术敏感性，不要人云亦云。机缘巧合，我在入职后不久，便接触到了智库研究。这对于我一个经济学背景的青年科研人员来说，是个崭新的课题。其实，在“中国特色新型智库”这个概念业已十分普及的今天，是否存在智库学，如何看待智库研究、智库评价，学界仍然是颇具争议的。这是一个边缘化的小众研究课题，但恰恰是值得创新和探索的领域，现实中大量丰富的智库实践为智库研究提供了鲜活的一手资料，由此提炼、归纳、总结形成的理论观点和学术体系，是中国特色哲学社会科学研究的重要组成部分。截至2018年底，笔者所在的智库研究中心坚持做“脚底板下的学问”，累计实地调研走访国内智库200余家，足迹遍布全国和欧美主要国家，先后与600多名智库专家和智库管理人员进行交流。中心人员笔耕不辍，坚持撰写地方智库调研札记，开展智库国别文化的比较研究。其中，“我国新型智库建设需重视‘冷热不均’现象及发展风险”“‘西南现象’背后的智库因素”等一系列研究成果，带着一定的学术思考，相继进入了国家和地方决策层的视野。

科研的“狼性文化”，要善于争先，要有点“野性”，培养竞争意识和协作能力，不要得过且过。青年科研人员要“多折腾”，不能仅仅满足于领导交办的任务，还要时常琢磨一下，自己的研究成果如何转化。比如，论文发表了，能否转成专报；专报写好了，能否改成报纸文章；几年内积累的研究，能不能出一本书？这些都是科研成果转化的具体形式。简言之，就是要“会来事儿、爱折腾”，围绕课题、论文、专报、文章、调研、采访、咨政活动等，千方百计多抢一些外部资源，多增加一些科研经历，不断开发自己的潜能。推而广之，一个富有“狼性文化”的团队也一定是一个充满生机活力的团队，讲究集体协调、团队合作。青年科研人员还应当主动向资深科研人员和科研骨干学习，学习不仅局限于学问学理，还有更为重要的处理实际问题的能力，不断提升青年科研人员的综合素质。笔者所在的智库研究中心就是这样一个有着“狼性文化”的团队，每个人既可以独当一面，相互之间又有着密切的协作。在团队成员的共同努力下，形成了论文、专报、报告、专著、译著、论坛、采访、微信、国内外合作等立体式的智库科研成果。

总之，如果能够培育起科研的“狼性文化”，熏陶出来的就一定不是“温室”里的科研人员。青年科研人员需要“野蛮生长”，它有别于钻“故纸堆”里精巧的“小修小补”式的研究，也有别于简单套用西方理论来回答中国实践问题的研究，而是一种勇于拼搏、敢于创新、善于争先的“从实践中来到实践中去”的研究，这是新时代我们对“五四精神”最好的继承与发扬。

张晓娣

天道酬勤，青春无悔

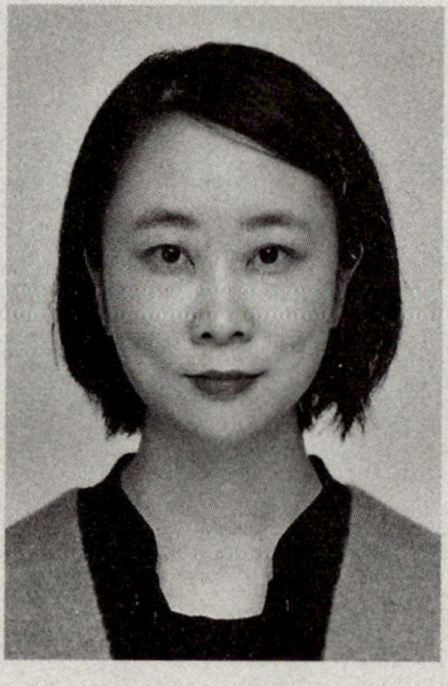

张晓娣，民建会员，上海社会科学院经济研究所副研究员，经济学博士，联合国工业发展组织伙伴专家，世界银行咨询顾问。擅长研究的领域是：宏观经济学。主持国家社科基金课题1项、国家自科基金1项、国家社科基金重大课题子课题1项、省部级课题3项；出版专著5部；在CSSCI核心期刊发表论文18篇。曾获上海市"三八红旗手"称号、上海市巾帼创新新秀奖、上海市"青年拔尖人才"、上海社科院"张仲礼学术奖"。

2015年5月，我结束了长达14年的校园生活，进入上海社会科学院经济研究所。入职初期，心里满是不安，因为自己在学生时代所专注的研究方向偏向理论和模型，在政策或决策咨询研究方面没有任何经验，而所在的研究室主要进行国际贸易与投资研究，这是我从未涉足的领域。一时间，我对自己的工作前景产生了怀疑与焦虑。4年过去了，我不仅平稳完成了从学生向科研人员的过渡，也为自己的履历增添了多样化的色彩——2016年初，入选上海社会科学院"创新工程青年优秀人才"；2016年，被推荐到上海市政协经济委员会挂职副主任科员；2016年年底，被经济研究所评为“优秀科研人员”，被上海社会科学院授予“张仲礼奖”；2017年，在职称晋升中通过考核，从助理研究员晋升副研究员，获得副高级专业技术职务，成为上海社会科学院经济研究所历史上最快获得副高级职称的科研人员之一；2017年10月，借助社科院与联合国工业发展组织(UNIDO)的合作平台，成为该组织成立以来第一位伙伴专家(partner expert)；2018年年初，被市妇联、市教委、市科委评选为上海市巾帼创新新秀，获得上海市“三八红旗手”称号；2019年初，入选市委组织部、市人力资源和社会保障局、团市委遴选的第4批“上海市青年拔尖人才开发计划”。

回顾过去4年的经历，最大的感受便是，作为青年科研人员，要珍惜每一个参与研究的机会，无论课题的规模大小、重要程度、方向领域，抱着勤奋务实的心态，在每一项工作中摸爬滚打，并且善于“啃老”，不断从同课题组的前辈老师那里汲取经验，一点一滴地为自身成长铺就道路。

如今的青年科研人员以80后和90后为中坚，大多具有强烈的自我意识，经过博士甚至博士后阶段的学习也基本形成了较为独立的研究思路。我们在研究中总是有意无意地试图维持自己的习惯或者特色，导致在参与课题时总是顾虑重重，患得患失。例如，担心这个课题和自己的研究方向不太相关，会不会是浪费时间？那个课题要深入基层调研，而自己是理论派；同时参与太多的决策咨询类课题会不会挤占自己写论文的时间？等等。然而，后来我发现，与其花费大量时间和精力去思考“如何在学科研究和决策咨询中找到平衡”，倒不如放松心态，认真对待每一个研究任务。过去3年间，我作为核心成员参与了来自中央部委、上海市政府、国际组织等共计40余项课题，形成了200多万字成果。最后在某一天突然意识到，学科研究和决策咨询这两者已经在潜移默化中形成了相辅相成、相互促进的关系。

勤奋的年轻人运气都不会太差。无论是社科院还是经济所，都给青年人提供了大量的机会和资源。例如，我在工作的最初3年间便得到了3次出国交流的宝贵机会，其中更是在联合国工发组织位于奥地利维也纳的总部开展了长达半年的工作。其间，与来自联合国、世界银行、欧洲复兴开发银行等的国际专家一起，赴欧洲、非洲、南亚多国进行广泛调研；协助筹备工发组织第18届全体大会、联合国第7届“全球最不发达国家部长级会议”;陪同中国常驻联合国代表处公参姚申洪先生赴柬埔寨、埃塞俄比亚考察;深度参与中国“南南合作援助基金”支持下的“Masterplan for Multipurpose SEZ of Sihanoukville Province”(柬埔寨西哈努克省多功能经济特区项目规划)、“Supporting for the Development of Special Economic Zones in Pakistan under the framework of China-Pakistan Economic Corridor (CPEC)”(中巴经济走廊框架下巴基斯坦经济特区发展规划)等项目。2018年4月,工发组织副总干事Philippe Scholtes先生致信上海社科院,对我的工作成绩及示范意义表示肯定。此外,在职称评审、课题申报、挂职实习等方面,经济所也是向中青年科研人员倾斜,为我们提供辅导和各类相关服务。近年来,经济所青年科研人员所斩获的各项荣誉,如“晨光计划”“浦江学者”“三八红旗手”“青年拔尖人才”等,背后都凝结了经济所以及社科院领导及相关部门老师的大力支持和帮助。

同时,我也在参加工作的4年间完成了人生两件大事——组建了自己的家庭,有了可爱的宝宝。怎样在三个角色中切换,是我下一阶段面临的重大课题。

曹祎遐

尚社青年的人生，不应只有科研

曹祎遐，中共党员，上海社会科学院应用经济研究所文化创意产业研究室副主任，副研究员，管理学博士。兼任国家科技部专家库专家、复旦大学创业与创业投资研究中心特约研究员、上海市经信委专项资金评审专家、上海市文化创意产业财政扶持资金评审专家、上海《第一财经》广播特约评论员等。主要研究领域为创业与创新管理、文化创意产业、小微企业创新。现已出版个人学术专著6部，担任《上海文化创意产业发展报告》《中国创业环境发展报告》等系列蓝皮书主编，在国内外学术期刊上发表论文百余篇，主持国家社会科学基金等二十多项国家级、省部级及政府决策咨询课题。先后获得上海市"晨光学者""上海十大文化新人"提名、上海市"人才发展资金"、上海市"五四青年奖章"、上海市第十四届哲学社会科学优秀成果奖二等奖等荣誉。同时担任上海市青年联合会委员、上海市青年文学艺术联合会理事等。

2011年7月，我踏入上海社会科学院的大门，正如同社科院隐匿在喧闹的淮海路上一样，发现这里的年轻科研人员队伍中卧虎藏龙，个个都是研究领域中的"武林高手"。一转眼，如今已在社科院度过了8年的科研时光，但我认识到，尚社青年的人生不能只有科研二字，心中更要有"立德树人　亦师亦友"8

个字。

科研工作被认为是社科院研究人员尤其是青年科研人员最核心的任务，然而，我们社科院还有一批研究生需要去引领和指导，他们同样也需要被关注。从 2014 年起我就开始指导硕士生论文的工作，硕士生的论文指导工作并不是一件易事，一方面，需要在学术规范上严格要求学生，选题、框架建立、文献综述、模型构建、案例分析、数据处理、结论撰写等每一个环节都需要严格把关，其工作量并不亚于自己撰写一篇论文；另一方面，也需要做好学生的心理建设工作，撰写论文过程中时常会遇到各种困难，需要鼓励他们，并且挖掘他们自身的学术潜能。所以，我认为，要成为一名优秀的尚社青年，就必须要做到科研和育人两不误。

首先，要替学生“树榜样”。古语云，上梁不正下梁歪；又云，严师出高徒。我深以为然。导师，就是学生的“标杆”。读研究生，不仅要学知识，而且要学办事、学做人，要特别重视思想素质的提高与培养。身为导师，我们平时在业务上对学生的严格要求，对他们撰写的学术论文反复认真修改，特别是我们自己对教学、科研以身作则的实际行动，也逐渐使得学生在办事和做学问时，内心多了一份敬畏，开始学会用如履薄冰、如临深渊的心态来对待学术报告和论文写作，这对他们也无疑是一种心灵提升和收获。导师，从某种程度而言，需要做“表率”。正如社会学所陆晓文研究员曾提到的，哪怕是一个小小的课件，它的用心程度也能反映导师对科研、对教学认真专业的态度。

其次，要学会跟学生“交朋友”。我们院没有本科生，只有硕士生和博士生，而研究生跟本科生最大的区别就在于需要有独立思考能力，并且能够就研究的问题与导师进行探讨与切磋。所以，应该说，导师和学生是一种平等交流的关系，那么学着与学生以朋友的方式进行沟通就非常重要了。并且，这种“朋友关系”不仅仅在学术研究方面需要定期与学生沟通学术研究的进展情况；同时，也是需要体现在他们个人的成长发展上，因为研究生同学们不单面临撰写学位论文的任务，也可能在就业、感情、生活等方面存在困惑与困难。作为导师，承担的责任是巨大的，因而更应该以朋友的身份多去关心和了解学生。反过来，当学生感受到你在真正地关心他们的成长与人生，那么在学业沟通方面则会更顺畅，两者是相辅相成的。

再次，要当学生的“引路人”。对研究生的培养和指导，不能停留在知识传授这一个层面，不能仅仅要求他们被动地多接受知识，而必须要进一步地启迪他们的心智，促使他们能融会贯通地理解这些知识，得心应手地应用这些知识，因势利导地发展这些知识，掌握学习和研究的主动权，使自己的创新意识、创新精神和创新能力有一个升华，才能真正体现出一个研究生应有的风采。正因为这样，培养出来的研究生，才不致浪得博士或硕士的虚名，而真正有了一个博士或硕士应有的学识、教养、气度和胸襟，可以无愧于母校的谆谆教导。作为我们应用经济研究所，一直秉承着“经世致用”“经世济民”的治学情怀，我们指导的研究生更应该懂得去做一些真正对社会有用、对社会经济发展起到贡献作用的研究，关注的研究问题需要从实践中来，到实践中去。那么，导师在其中就担任着“引路人”的角色，这并不是说代替他们去做选择，而是引导他们、帮助他们选择。实际上，这对导师的要求非常高。

最后，要懂得提供给学生有用的“工具箱”。“工欲善其事，必先利其器”。作为老师，“授之以鱼，不如授之以渔”。譬如，如何做好文献综述、如何获取所需的数据、如何选取合适的软件进行分析，这些都是学生在学习阶段乃至未来工作岗位上需要掌握的一些必备技能。唯有扎实这些基本功，才能在理论研究框架下作出更好的研究。

真正做好一名尚社青年，需要自身“树榜样”、与学生“交朋友”、做好“引路人”、提供“工具箱”。其实，无论是身为导师还是科研人员，其本质是相同的，都需要辛勤耕耘，默默付出。并且，科研和育人这两项工作都不仅仅是个人的工作，更是一个团队的工作，需要老师们的无私付出、科研院所的大力支持以及学生们的积极态度。如此，我们上海社会科学院既能带出年轻一辈的科研骨干力量，又能培养出一批又一批优秀的且在社会上具备影响力的莘莘学子。未来可期。

苏　宁

从世博会到“全球城市”：致敬迈向新时代的上海

苏宁，博士，上海社会科学院世界经济研究所副研究员，国际政治经济学研究室副主任。从事全球城市理论与国际大都市比较研究。莱顿大学、伦敦大学学院、新南威尔士大学访问学者。承担多项国家、省部级课题，以及国际合作课题。在核心学术期刊及报纸发表多篇学术论文，成果涵盖全球城市体系、“一带一路”城市网络等领域。

时光荏苒，不经意间，来到上海工作已13年有余。在从青年科研人员向中年科研人员快速转化的时光中，我无数次在心中回想起2005年那场入院面试中，老所长张幼文老师对我提出的问题：“世界城市、全球城市的发展特征是什么?”那天，我其实没能回答好这个问题。但在随后的岁月中，这个问题却不仅成为我研究中念兹在兹的追寻方向，而且成为面向2035年上海愿景规划的目标指向。面对这样的偶然与必然，我或许完全不能仅以“幸运”和“幸福”来做自我评判，而更多地在心中油然而生出无限的感激，以及深深的敬畏。感谢上海的前辈、同仁，为我指引出这条“全球城市”探寻之路，感叹上海这座充满神奇力量的城市，让我能够跟随着你的脉搏，去见证新时代中国全球城市的崛起历程。

一、从世博研究认识这座城

2010年，上海世博会是上海全球城市发展中的重要事件。作为上海社会科学院科研人员，能够参与到世博会的主题演绎，使我得以深深体会到上海知识界对这座新兴全球城市未来发展的激情和投入，也使我逐渐认识到这座城市的魅力所在。

2006年12月底，世博局主题演绎部与上海社科院合作，对世博会“中国馆”“主题馆”“未来馆”进行主题演绎工作。我有幸参加此次主题演绎，参与城市未来馆的主题演绎研究。在2006年与2007年之交的那个月份中，我第一次感受到了之前所学、所研对现实需求的实际作用，同时，也真正了解了世博会的筹办，需要怎样的韧性与坚持。

对城市未来的分析，成为“未来馆”的核心任务。从柏拉图的《理想国》、圣·奥古斯丁的《上帝之城》、托马斯·莫尔的《乌托邦》、康帕内拉的“太阳城”，到霍华德的“田园城市”，乃至电脑游戏“SIMCITY”，我们穷极对城市未来的研究，研究方案在一天之中就需要多次修改。当时的方案PPT文件命名，已经无法仅以日期命名，而是以日期＋小时的形式出现。2007年1月，我就在社科院的115会议室中，以世博会城市未来馆的方案讨论，度过了我的30岁生日。

2007年5月31日，我收到了院里的通知，赴上海文广影视集团进行世博会主题演绎冲刺工作。北京东路2号，这座位于外滩北段的著名建筑，成为我全身心投入世博演绎的“主战场”。当年的6—9月，我有幸与我院陆晓文、马学强、郁鸿胜老师，华东师范大学徐伟教授一起，专注世博会“三馆”的研究，也亲身感受到上海学者对于世博会及这座城市发展的执着探索精神。

这次研究，距离世博核心三馆的完工日期已经不远，时间已经十分紧张。因此，上海社科院、世博局、文广影视集团共同组成课题组，进行主题演绎的最后冲刺。我作为青年科研人员，被分配负责主题馆的主题演绎，既感光荣，又感压力。经过不知多少个从午后到凌晨的讨论，最终我们确定了以“城市人—城市生命—城市星球”为核心的主题内容框架，从不同认识层次，对城市与人、与全球之间的关系进行系统的思考。在那段日子里，我终于知道了凌晨4点的外滩是怎样的样貌，看到了上海这座不夜城睡去的样子。城市生命(City Being)的内涵，或许只有在完整看过了这座城市24小时的生生不息，才有那份更为深入的理解。

二、从愿景谋划理解这座城

2013年起，上海开始组织对未来中长期发展定位的战略谋划。应该说，这是上海在后金融危机时期，利用中国对外开放新阶段以及全球经济发展新格局，利用世博举行的“大事件”效应而进行的历史性发展道路定位。2013年，上海市发改委委托的课题《上海未来发展的外部环境和长远目标研究》，成为我参与的第一项此类项目。我们总结了危机后国际城市发展的主要规律，提出了上海到2030年，建成“创新型全球城市”的愿景目标，甚至思考了2050年上海的远景发展方向——全球文明城市。全球城市，作为上海的远期愿景，已经呼之欲出。

2014年，上海市委、市政府“面向未来30年的上海发展战略”研究工作全面启动，这是一次面向中长期发展的全面深入研究，其研究力量覆盖上海几乎所有社科领域见长的高校和科研院所。我有幸主持其中的《未来30年世界城市体系全球城市发展趋势与上海的地位与作用》项目，对全球城市的中长期发展趋势以及上海的角色地位进行研究。这让我对全球城市自身转型升级的趋势，以及上海独特的全球城市发展特点有了更为清晰的认识。2016年11月，在参与时任权衡所长领衔的《改革开放40年上海大事研究·中心建设篇》的研究工作中，我从全球城市视角对上海40年来的城市中心建设进行了重新审视，更加体会到上海全球城市性质的规律性与独特性。

就在这一课题的研究过程当中，2018年1月，《上海城市总体规划2017—2035》正式发布，上海在中国首次提出了追求卓越的全球城市的发展目标定位。这一学术概念，经历20余年的争论与探索，终于成为上海发展的引领指针。这对于我们这些以之为研究方向的科研工作者们而言，无疑是巨大的激励。

回想13年前那次面试，张老师向我提出的问题，我感到，这个问题事实上折射出上海70年来不断实践、探索和论证的崛起路径。当十余年后，这一路径成为民众的共识，成为城市的战略时，我心中无可抑制地感慨：在中国快速发展的过程中，真的有这样一些研究机构，有这样一批前辈学者，走在时代的前列，心怀着国家的兴盛使命、心怀着这座城市的发展与进步，引导激励着我们不断前行。对于我而言，这是幸运，对于这座城市而言，则是骄傲。

2018年4月，在我与“全球城市”概念的提出者萨斯基亚·萨森教授进行的书面访谈中，她提到了上海这座全球城市于她而言最独特的地方。在整整40年前的1978年，她第一次来到上海，当时她印象最深的是，这里的人们是如此的礼貌与和善，如此的温和与美好。她认为，这是上海与纽约最大的不同之一。我想，这样一座“有温度”的全球城市，便是上海的魅力所在吧。从某种意义上说，能够与所研究的伟大事物共处于一个新时代，是社会科学工作者最大的幸福。感谢淮海中路622弄7号的前辈和同仁们，让我能够拥有这样的幸福。

薛安伟

以饱满的热情奋斗新时代

薛安伟，男，1985 年 3 月生，中共党员，上海社会科学院世界经济研究所副研究员，研究领域为国际直接投资与经济全球化，在《学术月刊》《国际贸易问题》《世界经济研究》等核心期刊发表多篇论文，出版专著 1 本，主持 1 项国家社科基金项目，参与多个国家及省部级课题。荣获 2018 年度“上海市青年五四奖章”称号。

习近平总书记在党的十九大报告中说：“青年兴则国家兴，青年强则国家强。青年一代有理想、有本领、有担当，国家就有前途，民族就有希望。”作为 85 后一代，我们在青年最好的时光与新时代不期而遇，我们是幸运的。我们没有走过血雨腥风的战争年代，也没有经历风雨激荡的改革岁月，我们奋斗的时代是创新发展的新时代。我们也是幸福的，今天的中国，比历史上任何时期都更接近于中华民族的伟大复兴。没有哪一代青年人不是奋斗来的，不是历经艰辛的，我们也要用青春热血书写新时代的篇章。

什么是奋斗新时代？我想就是每个青年在自己的工作岗位上，踏踏实实地工作，默默无闻地奉献力量，实现自我。三百六十行，行行出状元。做好任何一项工作、一件事情，首先是不抱怨、不埋怨。不抱怨活太累太脏，不埋怨钱太少、事太多，以最饱满的热情、最昂扬的斗志，全力以赴投入到所从事的工作。不积跬步无以至千里，不积小流无以成江海。成就事业都要经历长期的艰苦奋斗，青年人要耐得住寂寞，坐得住板凳，厚积才能薄发。从小学到中学、从大学到博士毕业，我最大的体会就是坚持，我一直记得中学老师的教导“咬住”，不管课程有多难，坚持听完；不管考试有多难，坚持做完；千万不能掉队，一掉队可能就再也跟不上了。每一次失败的经历都是一笔宝贵的财富，千百次的失败最终会累积出成功。

敢于有梦、勇于追梦、勤于圆梦是习近平总书记对青年的期望也是要求。作为新时代的青年，我们既要脚踏实地，也要异想天开。心有多大舞台就有多大，有梦想是幸福的，但实现梦想必须一步一个脚印，从一点一滴做起，积水成渊。作为一名青年科研工作者，实现梦想首先要勤于思考，勤于写作，练好本领。认真贯彻落实社科院党委的部署，提高科研人员在“脚力、眼力、脑力、笔力”四个方面的能力。其次，在科学研究上要坚持严谨的科研态度，大胆假设，小心求证，勇攀学术高峰。提高发现问题、研究问题的能力，不断探索创新。再次，新时代为我们提供了丰富的研究素材，我们要坚持理论联系实践，提升自身的科研水平，提高服务决策咨询的能力。

新时代是青年奋斗的好时代，每个青年都要抓住这一历史性机遇，以饱满的热情在新时代里努力奋斗，不断超越自我，展现风采、实现价值，为祖国的繁荣昌盛添砖加瓦。

郑世卿

以身为笔　规划祖国大好河山

郑世卿，中共党员，上海社会科学院旅游研究中心副主任，副研究员，产业经济学博士，国家文化和旅游部国际邮轮旅游创新人才。十多年来主持各类旅游规划项目二十余项，发表论文十余篇，出版专著1部，承担多项省部级课题研究工作，先后赴台湾政治大学、美国普渡大学和夏威夷大学访学。近年来投身对口支援中的旅游援建规划实践之中，先后帮助新疆喀什地区泽普金湖杨景区和喀什噶尔老城成功创建南疆地区第一和第二个国家5A级旅游景区。曾获第九届上海市决策咨询研究成果二等奖、上海援疆优秀规划设计(2010—2012)优秀奖与民进中央2012年参政议政成果一等奖等奖项。

我院一直致力于建设“国内一流、国际知名的社会主义新智库”。如何让智库在现实经济中发挥作用是关键。作为一名旅游经济方面的研究者，在近10年的旅游研究与规划实践中，我深刻感受到做智库最大的作用就是用智慧带动现实经济，利国利民。做智库，既要能端坐于书斋沉浸于学术问题的思维之中，更要奔走于祖国的大地上谋划利国利民之举。

在新疆喀什金湖杨森林公园里，我们谋划并成功创建南疆第一个国家5A

级旅游景区，带动泽普近千人旅游致富；在新疆喀什噶尔老城区，我们帮助其成功创建为新疆第一个人文5A，老城里数万人实现就地就业和旅游脱贫。10年的旅游研究与实践，我既感受到成功后的喜悦，更感受到作为一个旅游研究者沉甸甸的责任。

做智库，要勤于调研，要善于调研。研究既需要前人收集和总结的文字材料，更需要现场踏勘获得最真实的第一手资料。为了创建新疆的两个5A，我前后四十余次奔波于沪疆之间。为了深入了解对口支援地区的旅游发展情况，我几乎去到上海对口支援的所有地区。也正是深入的调研，我才能获得大量珍贵的基础资料，才能以此为基础进行规划设想。为了浦江两岸贯通的现实情况和未来发展，我不仅系统调研了两岸五区的相关负责机构，更拜访了多位在上海历史、水文方面的专家，收获了大量的真知灼见。

做智库，要勤于思考，要善于思考。在金湖杨创建过程中，最大的难题是旅游资源不足，其核心资源仅为1万亩的胡杨次生林，在喀什地区都难言其贵。我们创造性地引入南疆非物质文化遗产，创造性地将南疆的建筑文化与当地的富民安居工程结合起来打造起长寿村，形成了一系列在新疆别具特色的旅游产品，破解了资源品质难题。在喀什老城，如何形成景区和城区的融合，我们也做了很多的思考，既兼顾景区所需的景观效果，更兼顾城区的民生功能，核心打造城门至九龙泉一个景观带，重点打造数个具有南疆特色的街区，形成"一带一寺数街区"的格局，为创建成功奠定基础。

做智库，要心系社稷，为国分忧。在学习和工作过程中，我有幸聆听老一辈决策咨询专家的讲演，有幸跟随他们参与课题研究，深深为他们心系社稷、为国为民的情怀所感动，也一直以他们为榜样，期望成为一个合格的智库工作者。当下有不少从事旅游规划的民营或外资机构，多以旅游为名谋房产之实，以华而不实的概念误导政府决策者。作为智库的一员，我每做一个课题，每编制一个规划，都以"为一方百姓谋福祉"作为做事的首要标准。当前旅游业发展一日千里，我通过旅游规划等方式保持与产业实践的无缝链接，以此获得产业发展的真知，更好地做好旅游智库研究。因此近年来，我不仅主持一系列规划编制，获得当地政府的好评，更形成一系列关于旅游方面的专报，获得多位领导的肯定性批示。

曾经到茅台镇调研，赤水河穿镇而过，当年红军长征途中四渡赤水中的三次就发生在这里。回首十年工作生涯，见景生情，有感而发，填了一首词——《忆秦娥·游茅台有感》。羞谈平仄与文采，但求直抒胸臆，赋壮词以慰过往，以寄未来！

回首来时路，无悔十年；展望未来，仍要以身为笔，为国为民绘制祖国大好河山。

忆秦娥·游茅台有感

赤水寒，
红军三渡转危安；
转危安，
山川尽赤，三军尽酣。

人生如路已行半，
仍有雄心画江山；
画江山，
吾身为笔，岁月为卷。

刘锦前

从事“藏学”研究

——科研路上的追梦人

刘锦前，中共党员，上海社会科学院国际问题研究所助理研究员，世界经济专业博士。主要研究领域：环喜马拉雅区域经济合作研究、中南亚地区非传统安全研究、美国阿富汗—巴基斯坦新战略研究、中南亚地区民族关系研究、尼泊尔“藏族难民”问题研究、“研究涉藏问题的国际智库动态”跟踪研究、中印战略互信问题研究、美国“印太战略”研究等。近年来在《国际安全研究》《国际问题研究》《世界民族》《求是》等刊物发表论文多篇，文章被《中国社会科学文摘》《人大复印资料》等多次转载。主持上海市课题《尼泊尔藏人聚居区和“流亡藏人”现状调研》已结项（2012—2016），上海市课题《中亚、南亚态势新发展与中国西部陆疆安全建设研究（2018）》在研。承担并完成上海市国经中心课题《“一带一路”倡议对接印度发展战略研究》（2017），承担并完成国家中医药管理局国际合作司委托项目《“一带一路”中医药国际化战略研究（编号：GZYYGJ2018047）子课题十四：印度阿育吠陀国际发展情况研究》。参与撰写国家社科基金重大项目《中国参与全球治理的三重体系构建研究（2013）》、国家社科基金重点项目“中东变局研究：背景、根源、走势、影响及对策”等。2012年获上海市社会科学界优秀社会科学工作者荣誉称号。目前担任中国世界民族学会理事。

自1919年五四运动以来，时至今日已有百年。追溯这段历史不难看出，无论是民国时期追求“进步、科学”的青年学生，还是抗日战争年代投笔从戎的革命家，以及新中国成立后上山下乡为祖国边疆建设付出汗水的才俊等，展现出的无不是中华儿女们一颗“国家兴亡，匹夫有责”的担当之心。

一代人成一代功，一代人做一代事。为中华崛起，中国青年已经坚持奋斗了上百年，成就斐然却也任重道远。而在今天，为中国高质量发展奉献青春，为两个“百年”目标俯首耕耘，为世界和平尽一份绵薄之力，或是当下“五四精神”的另一种契合解读。

作为社科院培养并毕业后留院工作的尚社人，选择从事藏学方向研究，这诚然不能简单地理解为个人一时的兴趣偏好，而是与社科院在国家建设中的角色定位密切相关，也更与老学者们对学术研究的慎探品格影响有关。几千年来，作为中华土地上的重要民族之一，勤劳勇敢的藏族人民不畏强暴，不怕艰险，在生产斗争和社会实践过程中谱写出的历史长卷，为我们伟大祖国的文明史册增添了光辉的一页，也为世界文化宝库增添了一颗瑰丽璀璨的明珠。近年来，国内外非常重视对藏学的研究，掀起一股藏学热。藏学家们著书立说，发表的文章极多，但出于各自的政治目的，观点各异。例如对藏族族源、聂赤赞普的降生地、藏文的创制、元朝以来中央政权和西藏地方政权的关系等方面有很大争议。学术争论无止境，但这里值得强调的是，中华人民共和国成立后我们有大量干部被派到藏区进行支援建设，他们克服高原反应和长期的思乡之苦奋战在一线，为今天的边陲稳定与疆域和平奉献了一生。他们实践凝炼出的“特别能吃苦、特别能战斗、特别能忍耐、特别能团结、特别能奉献”的老西藏精神在今天也特别需要发扬。这里笔者愿意提及作为上海众多援藏干部中的一员，上海社科院前党委副书记卢秀璋，他曾长期在西藏地区工作，升任西藏自治区社科院党委书记一职，回沪后到社科院继续主持相关科研工作，著书立说，展现出了新中国学者的一身清秀风骨和忧国虑民之情。此外，伍贻康研究员、潘光研究员、黄仁伟研究员等也对中国边疆安全和经济社会发展进行长期跟踪研判，他们严谨的治学态度深深影响了我们这些年轻科研人员。

对2016年5月17日，习近平总书记在哲学社会科学工作座谈会上的重要讲话中的一段话我深有感触,就是有关冷门"绝学"的一段。讲话指出:"要重视发展具有重要文化价值和传承意义的'绝学'、冷门学科。这些学科看上去同现实距离较远,但养兵千日,用兵一时,需要时也要拿得出来、用得上。还有一些学科事关文化传承的问题,如甲骨文等古文字研究等,要重视这些学科,确保有人做、有传承。"这段话在我读来,也是从心底感到无比的温暖、深切的欣幸。

喜欢上科研工作,或许是因为它在某个瞬间让你倾心,或许因它传承的某段记忆引起了你内心共鸣,或许其展现的逻辑魅力触动了你思绪的柔弱处而激起了拼搏的勇气。作为成立最早、规模最大的地方社科院,作为党和政府的思想库、智囊团,无论是在基础学科领域,还是在应用研究领域,上海社会科学院都作出了积极贡献。2015 年,上海社科院成为首批国家高端智库建设试点单位。全院以习近平新时代中国特色社会主义思想为指导,积极响应中央加强中国特色新型智库建设的号召,加快构建国内一流、国际知名的社会主义新智库。

喜欢社科院老大楼的古朴、玉兰树的翡绿;喜欢社科院小花园的秋天,微凉,驻足点飘着桂花香;喜欢社科院图书馆里的书香,泛黄的《申报》和中华人民共和国成立前的一批珍贵档案或只能在这里才能有缘相视;喜欢顺昌路的那一幢小楼,小教室里的书语思辨和傍晚阳台同学间的促膝长谈,或将永远铭记着那个求学时光。而淮海中路的车水马龙,我们的学术追梦,老学者们的感动温暖,哪一个又不是你喜欢上海社科院的理由呢?

科研文化像水滴,滴滴汇入我们尚社人的生命;科研文化似绿茶,甘醇间沁入我们尚社人的心田。自古以来的学者墨客,无不对文化认知传承倾心浪漫,风流倜傥。其人其文,其行其思,总是让我们津津乐道。可我们往往只看到他们的辉煌成就,却很少去想他们那无数个漫长的青灯苦读,行路万里。细细数来:鲁迅、毛泽东、周恩来,哪一个不是踏足街巷,手不释卷,饱读诗书的呢?

让我们一起借着上海新型智库建设的东风,按照李强书记对智库建设所提出的"服务决策谋高见,着眼未来谋先见"的要求,伴着"四力"教育实践的步伐,在这样一个国际风云变幻与中国快速成长的新时代里,展现出我们尚社人奋发努力的精神风采吧!

郭　晶

超越逻辑去爱

郭晶，中共党员，上海社会科学院法学所副研究员，法学博士。擅长研究的领域是：国际刑法。主持省部级课题2项，出版个人专著2部，在各类期刊发表论文二十余篇。连续多年担任国际刑事法院模拟法庭竞赛（中文）和高校间红十字“国际人道法”模拟法庭竞赛（英文）的书状法官和庭辩法官；曾在美国、荷兰、德国、意大利、芬兰、希腊、克罗地亚等国家交流访问。

每一个人都是生活的奋斗者，而最终可能我们都只是生活的幸存者。少年不知愁滋味，青年是一个开始体味生活苦楚的人生阶段，人生开始逐渐添上悲凉的色彩。焦虑在青年中弥散，使大家都变得讲究性价比，纠结投入与产出的关系。

不知从何时起，青年们，如果索性我还作为其中一员，如果我的朋友们也都还算是，开始用“佛系”来掩饰内心的火焰。和朋友聊天，互相调侃又有多久没有论文发表，而看了《不发表就出局》好像也并没有什么用。每晚睡前，反思一下今天好像又没有写出什么内容，且大概率后面也是用不上的。铭感五内，发自肺腑，我们在被一种无名火灼烧。即使教育部开始破除“五唯”，清华大学也应声废除博士生论文发表制度，笼罩着的乌云和捆绑着的枷锁也仍然依旧。经常听到旁人对我表达类似的观点，他的工作是完美工作，而我的工作简直就是神仙工作。殊不知，最吸引人的莫过于自由，但最折磨人的也莫过于此。

我想，读到这里，你大概已经对一个不太成功，或者乐观一点说，还未成功的“研究人员”的思想状态有了一定认识。也许你已经嗅出了一丝抑郁的味道，也许画风该在此时反转了，因为所有愁云惨雾都会在一场酣畅淋漓的演讲、一次谈笑风生的授课、一段与学生充分有效的交流后烟消云散。

还依稀记得在芬兰赫尔辛基召开的国际刑法学协会第十九届大会的预备分会上，我坚定地强调中方立场，说服国际刑法学协会主席，说服撰写报告的荷兰组长，说服会上来自十几个不同国家的刑法学者，采纳中国观点，并将中国立场作为我们小组的总意见提交给国际刑法学协会。结束一天的讨论，我满满成就地走在赫尔辛基的街道上，享受那专属于北欧初夏午夜微亮的天空，让内心的小确幸、小雀跃、小骄傲肆意激荡。

2019 年 1 月的上海，在经历了长达近 1 个月的暖阳后，进入了报复性的冬季“黄梅天”。还记得那天又冷又湿，我在华政给来自澳大利亚的留学生们授课，讲中国刑法。照理说应该避开“死刑”这样的敏感话题，尤其是面对英美法系国家的留学生们。他们可能对死刑的存废意见更为强烈。然而我觉得避讳是不自信的，我们不仅要讲，还要大大方方地讲。让留学生们了解，党的十八以来，党和国家在限制适用死刑和逐步减少适用死刑罪名(等方面)作出的积极努力。给他们分享最高人民法院指导案例中涉及死刑的案件，不少留学生表示经过讲解，他们消除了误解，加深了理解，并且在很多方面甚至产生了共鸣。看到留学生们满意的目光，窗外阴风冷雨也化成阳光明媚。

在国际刑事法院模拟法庭比赛中，我辅导的上海财经大学代表队获得了一等奖第三名的好成绩，即将赴海牙进行决赛。国际刑法是我一直耕耘的领域，担任该模拟法庭比赛法官也有 5 年的时间。由于该研究领域比较小众，发表总是有很大压力，及时获得正向激励比较难。然而，就像所有积累都将在合适的时间回馈一样，多年的积累回馈给了上财这批优秀的同学们。我们一起探讨案例与相关的国际法，缕清事实，查阅一条条公约，那种快乐难以言喻。最终，同学们取得的飞跃式进步成了最好的正向激励。

所以，“超越逻辑去爱，一定得超越逻辑。”那时我才理解其涵义。做学问，不能急功近利，不能以结果为导向。习近平总书记在哲学社会科学工作座谈会上发表重要讲话，号召广大哲学社会科学工作者要树立良好学术道德，自觉遵守学术规范，耐得住寂寞，经得起诱惑，守得住底线，立志做大学问、真学问。作为一名哲学社会科学工作者，我们一定要牢记当初走上研究道路的初心，把社会责任放在首位，严肃对待学术研究的社会效果，自觉践行社会主义核心价值观，做真善美的追求者和传播者，以深厚的学识修养赢得尊重，以高尚的人格魅力引领风气，在为祖国、为人民立德立言中成就自我、实现价值。

亲爱的自己，愿你、请你，热爱研究，严谨治学，在与学生共处的每个瞬间，开怀珍惜、教学相长；在铺满荆棘的发表道路上，披荆斩棘；在擅长的国际交流领域，讲好中国故事，灿烂绽放；在最好的青春，勇敢奋斗！

涂龙科

境界、信仰、为学、为师

涂龙科，中共党员，上海社会科学院法学研究所研究员，法学博士，擅长研究领域为经济刑法。担任上海市法学会理事、中国案例法学研究会理事、上海市法学会刑法学研究会理事。主持国家社科基金课题1项、省部级课题8项，出版专著3部，参与4部专著的章节编写，在《法学》《法律科学》等期刊发表论文近60篇。曾获董必武青年法学优秀成果奖、2017年上海市"五四青年奖章"，入选中国法学会2016年度高产作者(CLSCI)、上海青年法学法律人才库等荣誉。

我于2003年入读上海社科院研究生部，2006年毕业留法学所工作至今。16年来，从学习到工作、由学生至老师，幸得名师口传身授、益友守望相助、同仁携手共进，于我而言增长了知识，提高了认识、提升了人生层次。其中最重要的思想心得可以归纳为"境界、信仰、为学、为师"8个字。

首先，以更广阔的境界为人。近年来，关于人生境界的认识愈发触动我的思考。人固有一死，或重于泰山、或轻于鸿毛。其区别在哪里？在于人生境界的不同。于漪老师说：有的人只有一条性命，优秀的人有性命和生命两条命，卓越的人则有性命、生命和使命 3 条命。其区别在哪里？在于人生境界的不同。老一辈无产阶级革命家曾志生前不为小家、不谋私利，将毕生收入中剩余的每一分钱都捐献出来；死后不发讣告、不办葬礼，将自己的骨灰分 3 份分别埋葬在生前战斗和工作过的地方，所作所为、感天动地、可昭日月。她是共产党人的优秀代表，是脱离低级趣味的人、是真正大写的人。其行为根源在哪里？在于人生境界的不同。市场经济条件下的现代社会，各种诱惑非常多，社会为每个人的人生提供了多元的可能性，如何选择人生道路，摆在每个人面前。到底是终日蝇营狗苟、锱铢必较，还是超越自我、超越小我，是不同人生境界的感悟，也是不同人生道路的选择。人生是有限的，应当不局限于小我，而要真正把自己融入伟大事业的追求中，把个人、个人事业和国家、民族的事业结合起来，才能真正体现人生价值。

其次，以更真实的立场为信。2018 年党校学习期间，在与革命先烈后代访谈交流式教学现场，我和其他很多同学一样，几度情难自已、热泪盈眶。参观井冈山根据地、瑞金苏维埃中央政府等革命旧址，感慨万千、引人深思。为什么共产党人从“一大”仅有 13 个代表，发展到现在 9 000 多万党员？为什么众多革命先烈能够在如此艰苦的条件下，锲而不舍、抛家弃子、舍身奋战，直至革命取得胜利、新中国得以建立？其中，坚定的信仰发挥了极其重要的作用。社会发展到今天，生活工作条件已经发生了翻天覆地的变化。人们都羞于再提“信仰”二字，谈论信仰似乎都要成为异类。如果谈信仰，在部分人心中“金钱拜物教”是其终极思想皈依。实际上，信仰之于个人和社会都是极端重要的。信仰之于个人，是个人精神的核心，决定了个人的人生层次和人生境界；信仰之于社会，是社会思想的关键，引领社会的发展方向和发展层次。任何缺乏信仰或者迷失信仰的个人和社会在所处的阶段上是低层次的，在发展的历程上是不可持续的。因此，应当在夯实社会思想共识的基础上，重建社会的基本信仰。作为个人，应当能辨识、剥离繁杂斑驳的表象，回归事物本身的简朴与真实，遵从内心，树立与呵护信仰，为信仰而战、为梦想前行。

再次，以更坚定的勇气为学。当前，理论界和社会上思想多元、观点多样。这本身不是太大的问题。现在的问题是，几乎在任何一个理论或者实践问题上，都会形成针锋相对、截然对立的不同观点。更有甚者，不管青红皂白、不分是非曲直，动辄抱怨、满腹酸水。整个社会在某种程度上缺乏必要的共同的认识基础和思想根基。在这种环境下，哲学社会科学更应当、也可以发挥重要的思想引领和价值引导作用。我们作为社会科学工作者，不能满足于简单的、重复的、口号式的学习，应当把革命精神、学习收获和自己的工作内容、岗位职责结合起来，以更坚定的理论勇气、理论追求去直面中国问题，作出更好的理论解答与学术贡献。因此，有必要面对发展着的中国实践，构建、完善中国特色哲学社会科学。中国特色哲学社会科学关键在"中国特色"。中国特色是指哲学社会应当立足于中国本土、中国国情和中国实践，而不能完全照抄照搬国外的学说、观点，要从事中国化的哲学社会科学研究。同时，中国特色并不等于夜郎自大、故步自封，对于人类先进的思想、方法，还是要积极接受、善于学习，要理性对待国外的思想学说。

最后，以更敬业的态度为师。作为社科院的科研人员，既要做好法学研究的本职工作，同时也承担着教书育人、培养指导研究生的任务。培养学生除了要教授知识，更重要的是传道解惑，引导教育学生健康成长。应当以更加敬业的态度，运用更加科学的方法，带好学生，教好学生。我个人体会应当注意以下三个方面：一是尊重学生自己的发展意愿。老师是学生发展成长的帮助者、支持者，不能将自己的想法强加给学生，应当根据学生自己的发展意愿和未来规划，因势利导，助其得成所愿；二是引导学生树立正确的人生观、价值观、世界观。学生作为年轻人，对人生和世界的认识具有极大的可塑性。要对老师在学生成长中的地位和作用有更准确、更全面的认识，以更敬业的态度帮助学生成长。三是要结合中国传统文化教育学生，提升教育的实效。要避免空洞、教条的说教，要挖掘传统文化的有益精华，通过言传身教，通过切实可行、有说服力的方法和途径引导学生健康成长。

张　亮

做一个经世致用的知识分子

张亮，民革会员，上海社会科学院法学研究所助理研究员，法学博士，《检察风云》专栏作者。擅长研究的领域是：行政法案例研究、司法大数据、网络法。主持省部级、市委办局、院级课题 5 项，在《政治与法律》《国家检察官学院学报》《法制与社会发展》《行政法学研究》《中国法律评论》《教育研究》《行政法论丛》等 CSSCI 期刊发表论文十余篇，2 篇相关专报得到省部级主要领导批示，2 篇研究报告被提交为全国政协、上海市政协大会提案。

2017 年博士毕业，初到上海社科院法学所时，我其实并不了解社科院系统与高校的差异，那时的念想无非是继续从事科研工作。现在回想起来，其实我的心中一直有两种观念在打架。在我眼里，自由而无用，似乎是一个知识分子的理想状态。尤其对人文社科而言，你不能指望深邃的思想生长于功利的土壤之中。但是，可能一直受传统教育的影响，在我骨子里，经世致用，甚至以天下为己任的士大夫精神又扎根心底。对此，一直身处象牙塔的我，对未来职业生涯如何选择并没有什么准确的认识。但真正到了择业之后，才深深体会到了其中的差异，意识到两种潜在意识的矛盾和冲突。很庆幸，我最终选择到上海社科院法学所就职，进入一个不同以往的研究环境，也是一个计划之外的选择。我的感受而言，这是一个具有光荣学术传统的理论研究高地，与上海这座城市有同样的开放气质与精致风格。

智库建设和理论研究的“双轮互动”是上海社科院的最大特色。作为全国首批25家国家高端智库建设试点单位之一，也是唯一的地方社科院成员单位，上海社科院在国内智库研究领域享有独特的地位和声誉。智库建设也是社科院与高校理论研究的最大区别。与一般课题研究不同，智库建设的议题更为前沿应时，以领导人的战略高度和眼光去思考问题，立足上海，引领全国，放眼世界，这种研究思维是我工作后一直在努力学习转型的方向。

不仅如此，上海社科院作为统战重镇，民主党派和各类政治团体云集，亦是上海市参政议政的重要平台。由于我从事公法研究的独特优势，在政府及公共事务的研究与实践领域参与较多，惊喜地发现很多研究议题与国家政治与社会治理的需求相契合。入院后，我慎重决定加入了中国民革，以便更进一步深入参政议政活动，嗣后我陆续参与了上海市民宿业规范管理、长三角一体化示范区创新、上海市干部队伍活力激发等课题的研究工作，而且撰写的相关报告也成为全国政协和上海市政协的提案。不仅如此，在民革组织的引荐下，我还有幸去看望了厉无畏、瞿世镜等民革前辈，在交流中深刻体会他们与中国现代化建设、改革开放共同走来的不凡经历。

最后，相比高校，上海社科院的工作氛围更加自由，这里也是少数几个可以培养研究生的地方社科院，毕竟，只有教书育人才会有做老师的感觉，而研究生少而精细的课程任务，也让我得以尽情发挥学术兴趣，不断享受教学相长的独特乐趣。

总而言之，短短两年的工作经历，让我对自己的学术事业有了全新的认识，成为一名经世致用的知识分子并不矛盾，这个调和的过程，正是一个不断认识自我、享受自我的过程。

魏朝利

弘扬爱国精神，埋首理性学问

——纪念五四运动百年

魏朝利，中共党员，上海社会科学院政治与公共管理研究所助理研究员。主要研究方向为中国政治思想与中国政治思想史。参与国家社科基金课题2项，已发表学术论文6篇，其中在CSSCI核心期刊发表论文2篇。

中华民族历史悠久，中华文明源远流长，但在历史长河中，这片土地既经历过专制政治的荼毒，也经受过外夷的凌辱。万幸的是，在危亡危机时刻，总有万千优秀中华儿女不断挺身而出，贡献出自己的智慧甚至生命，他们保存了民族，接续了文明。100年前的今天，列强环伺，作为第一次世界大战的战胜国，北洋政府却无力维护国家的尊严与利益，青年学生出于自己朴素的爱国情感，发起了五四运动，这样的感情与行为是值得书写与赞扬的。可以说，中华文明不是抽象的存在，正是通过一代代中华儿女的具体行为书写了历史的画卷。

当下，有很多置身事外、号称客观的述评。这些述评指责五四先贤“冒失”，批评青年学生“鲁莽”，这样的指责或许有几分道理，比如，青年学生打出的口号是“誓死力争，还我国权”“宁肯玉碎，不为瓦全”，现在回头看这些口号，仍然可以看出青年学生愤怒的情绪。

但是，这些批评犯了一个根本的认知错误，五四运动本不接受这样掩饰在“理性”面具下的严苛批评。我们现在习惯了“理性人”的假设，却忘了“理性人”假设成立的条件。和平年代，我们可以通过道德公理与社会规则维护自己和国家的利益。然而，将正义已经丧失、秩序已遭破坏这些变量值代入当年那个环境，或许我们可以更理解那些年轻人炙热的情感。

时过境迁，新一代年轻人面临着独特的社会背景与时代任务。这一代人幸运，政府对外有能力保护国民的尊严与利益，对内可以体察民艰、普惠民生。作为个体的青年可以安心照料老小、友爱亲朋、踏实工作，做一个日新而平凡的人。即便生活中面临种种暂时的不如意，年轻一代在相对平和的社会环境中，也可以采用更为温和、更加理性的方式接续五四运动的精神了。这大概是百年前五四先贤欲求而不可得的幸福。

不仅如此，千年未有之变局的现代化建设事业，还为年轻一代学者的成长提供了绝佳的社会环境。社会转型时期，利益结构复杂多变，社会问题层出不穷，我们不仅可以做社会图景的记录者，还可以运用自己的知识与才智，补充、修正甚至推翻一些社会科学理论；更为重要的是，我们不仅可以通过理论分析社会问题的来龙去脉，还可以为社会决策提供可选择的前瞻方案。可以说，以民生的情怀、以民主的精神、以科学的方法，做扎实细致的学问，或许是我们纪念五四运动的意义所在。

来庆立

在个人奋斗中践行理想信念

来庆立，中共党员，上海社会科学院中国马克思主义研究所助理研究员，《毛泽东邓小平理论研究》执行编辑。主要研究领域是社会主义思想史、中国特色社会主义理论。主持省部级课题1项，参写、参编著作多部，在院外核心期刊发表论文及译文十余篇。

"新时代是奋斗者的时代"，犹木水之有本原，奋斗也理应有理想信念作为支撑。中华民族的伟大复兴是"中国青年运动的时代主题"，正是在这一理想信念中，自我奋斗才更彰显价值。

"两耳不闻窗外事，一心只读圣贤书"。记得刚到上海社会科学院时，自己还是不谙世事的学生，认为奋斗只是简单的"自我行为"，只知埋头苦读，在书本中追求知识和真理；认为掌握了这些知识和真理，就能彰显"自我价值"，在社会上谋到一份体面的职业，度过寥寥一生。

伴随博士毕业，我有幸入职上海社会科学院。在不长的工作时间中，我渐渐明了，奋斗不是简单的自我行为，而是与家国命运紧紧捆绑在一起。

时代主题是最大的理想信念。不同历史时代具有不同的时代主题，对上海社会科学院的前辈们来说，他们的青年时代就与民族独立、民族富强密切相关。正是在与时代主题的不断结合中，他们通过自我奋斗，通过上海社会科学院这一载体，承担起了中华民族"站起来""富起来"的历史使命。作为一名普通青年员工，我愈发认识到，只有同时代主题紧密结合，自我奋斗才具有方向，才能实现人生价值的最大化。

纵观历史，广大进步青年正是在民族救亡的过程中不断觉醒，确立了五四精神。如今，五四已然百年，上海社会科学院的诸多前辈同仁们，在新时代依旧传承着这一精神风貌，教育着后来人。他们具有谦虚勤勉的学风，不断探索、丰满社会主义现代化征程中的理论问题；他们具有默默奉献的作风，不断践行、传承尚社学人的时代精神；他们不怕理论艰辛、不问工作性质、不图利益报酬。作为上海社会科学院的一分子，我深深认识到，在时代主题下，只有传扬前辈们的精神品质，才能使自我奋斗展现出应然的精神面貌。

历史大潮，浩浩荡荡。当前，我们处在建设社会主义现代化强国，实现中华民族伟大复兴的关键节点。对个体来说，无论主观认知如何，都与这一时代主题、理想信念密切相关。在和平建设年代，随着市场经济的不断发展和对外开放的不断扩大，人们往往容易受到短期现实发展的影响，在追求自我的同时忽视了背后的本源与应然。个人在工作生活中的一点一滴、琐碎杂事，都应当成为奋斗过程中的历练。唯有坚定理想信念，才不致于坠落在单一事件中看不到全局，才不容易深陷在人云亦云中寻不到真理，才不必然沉溺在随波逐流中找不到自我；唯有树立应然的精神品质，才不轻易因深信宿命论而悲观、消极、懒散，才不容易以唯心论为借口而逃避责任、回避错误、远离事实。

在新时代，为实现中华民族伟大复兴而奋斗，才能最大化地彰显自我价值。寥寥人生路上，自我奋斗应以此理想信念为支撑，不断焕发自我革命的精神。以自我提升和推动社会进步为自觉，将个人与民族国家的命运相结合，这样才能传扬上海社会科学院诸多前辈同仁们和“五四”进步青年们的理想与精神，追随他们的脚步，以上海社会科学院为载体，不断践行理想信念，承担起“强起来”的历史使命。

马丽雅

学会做好减法也是一门必修课

马丽雅，中共党员，上海社会科学院中国马克思主义研究所助理研究员，法学博士。主要研究方向：中外马克思主义比较、西方中国观研究。主持上海市哲社规划课题 1 项，出版专著 1 部。在《当代世界与社会主义》《毛泽东邓小平理论研究》、*AUSTRIACA* 等刊物发表论文二十余篇。博士论文曾获上海市优秀学位论文成果，并入选“2014 年上海市马克思主义理论学科研究生人才培养登峰计划”。

在西藏自治区日喀则市定日县巴松乡的某个小村庄，有一群普通的孩子，他们习惯于问往来的车辆与行人讨要食物，衣衫褴褛。那天到达这个位于珠峰大本营山脚下的小村庄时，我已经在路上颠簸了将近 8 个小时。清晨从日喀则出发时下了雨，一路上天气时好时坏。在雨季去珠峰大本营，虽然心里已经做好了看不到珠峰的打算，但离珠峰越近，珠峰方位依然是灰蒙蒙一片云雾缭绕，心情难免越失望。车子路过绒布寺时，想到了一句话，“花未全开月未圆”。也罢，看不到珠峰，有幸看到绒布寺也算是不枉此行。这样的念头一闪，郁闷了一整天的心情终于开始舒缓，用心欣赏起窗外海拔 5 000 米的景色，更后悔此前因为光顾着观察天气，忽视了一路美好的景致。

西藏之行恰逢我刚入职上海社科院不久，对于这份以学术作为物质意义上的职业的意义，还有些懵懵懂懂。但随着工作阅历的增加，每每在工作中遇到难题时，想得更多的便是学会做好减法。

学会做好减法，意味着面对诸多理论与现实问题，面对不同领域的研究课题时，学会取舍，逐步缩小和聚焦研究方向，培养研究兴趣，形成自己的研究特长。上海社科院和高校的一个很大的差别在于有机会接触许多横向和纵向课题，这些课题既有理论性的，也有实践性的。但它们往往涉及不同的研究领域，如果每一个都去完成，不但耗费大量时间经历，也不利于培养自己的研究特长。为此，在选择课题时，开始试着做减法，抓住与自己研究方向和研究兴趣相匹配的项目，心无旁骛钻业务。

学会做好减法，也意味着在承担集体课题和集体任务时，沉下心，认真做好每一件事，少计较得失。这样的感悟是在与中马所的同事们点滴相处中感受到的。在这样的团队中，遇到所里承办会议，大家常常分工默契，有时甚至是“争抢”一些繁杂的任务；遇到合作课题，大家也习惯于互相讨论，资料共享。在这样的团队中，大家对于默默无闻地做“吃亏者”的角色并不反感，反而习以为常。也是在这样的团队中，每一份子渐渐成为少计较、多做事的行动派。

“花未全开月未圆”，有舍得，有完满的余地，才会收获惊喜。那天到达珠峰大本营后，我们一行人终于等到了云雾渐散，夕阳照在珠穆朗玛峰雪白的山顶上，泛着金色的光。这幅景象重叠着蓝天、白云和雪山映衬下藏族孩子们纯白的笑容，多年来不止一次地浮现在我的脑海中。在我们的成长历程中，做加法可能是与生俱来的本领，学会做减法却是一门尚需研修的课程。

杨传开

传承五四精神，书写奋斗青春

杨传开，中共党员，上海社会科学院城市与人口发展研究所助理研究员，理学博士，中国地理学会人口地理专业委员会委员。擅长研究城镇化与区域发展、城市地理与城市经济。主持国家自然科学基金项目1项、省部级课题2项，参编著作5部，在*The China Review*、《地理研究》《学术月刊》等国内外核心期刊发表论文二十余篇。2017年入选上海市"浦江人才计划"，获上海市哲学社会科学优秀成果奖二等奖1项、上海市社会科学界第15届学术年会优秀论文奖、中国人文地理学会年会优秀论文奖等。

回首100年前的五月，风云激荡。为了救亡图存，一大批青年学子奔走在街头巷尾，铸就了一场轰轰烈烈的爱国运动。时过境迁，今天我们所处的时代发生了翻天覆地的变化，面临的环境与100年前也已是天壤之别，但不论时代环境如何变化，爱国、进步、民主、科学的五四精神却没有褪色。每一代人有每一代人的长征路，作为一名新时代的青年哲学社会科学工作者，不得不思考该如何走好自己的新时代长征路，又该以什么样的姿态传承五四精神，让五四精神在新时代焕发新的光芒。

传承五四精神，首先要有厚重的家国情怀。家国情怀是一个人对自己国家和人民所表现出来的深情大爱，是对国家富强、人民幸福所展现出来的理想追求。国之不存，民将焉附？五四精神首先就是爱国精神，正是胸中的拳拳爱国之心才激励100年前的青年学子喊出“誓死力争，还我青岛”的时代强音。作为新时代的青年哲学社会科学工作者，我们也应坚定理想信念，将个人成长与国家发展紧密结合在一起，具有位卑未敢忘忧国的精神，具有天下兴亡匹夫有责的情怀，勇于担当历史使命和国家大任，关心国家发展，维护国家利益。在研究中，也应始终为国家发展的长远大计着想，关心国家发展最急需解决的关键问题，为国家和地方发展建言献策。

传承五四精神，还要有科学严谨的创新精神。科学是五四精神的基本内核之一，正是五四运动给当时的中国带来了各种新思想、新思潮。当今世界，创新已成为全球发展趋势。之于国家，创新是国家进步的动力源泉；之于我们，则应以科学严谨的态度推动创新，为构建中国特色哲学社会科学添砖加瓦。“哲学社会科学创新可大可小，揭示一条规律是创新，提出一种学说是创新，阐明一个道理是创新，创造一种解决问题的办法也是创新。”社会科学错综复杂，把问题讲清讲透并非易事，因此，我们在研究中始终要有负责认真的态度，得出结论要细心，提出建议要谨慎。时代是思想之母，实践是理论之源，因此哲学社会科学创新还应从现实中来，从现实发展中提炼问题，在回应现实问题中发展创新理论，基于现实而高于现实，进而形成具有中国特色的话语体系。

传承五四精神，更要有脚踏实地的务实作风。理论联系实际是社会科学研究的重要准则，脱离现实的理论研究是没有根基的。哲学社会科学尤为关注社会发展，这也就要求我们必须时时刻刻与社会保持紧密联系，不能脱离现实搞研究，不能脱离社会写文章。在研究中，一方面要积极借鉴国外好的发展经验；但另一方面也应面向中国的国情和现实问题，不能照搬照抄国外的理论和发展经验，要考虑其在中国的适用性。中国地域广阔，自然环境、社会经济发展水平差异显著，这就更要求我们要加强实地调研，具体问题具体分析。作为青年科研人员，在掌握好理论知识的基础上，我们更应走向社会，通过深入开展调查研究，理论联系实际，脚踏实地，形成契合地方实际的研究成果，把文章不仅要写在杂志上，更要写在祖国大地上。

五四以来，中华民族在一代又一代人的努力下，取得了一个又一个的伟大成就。当今时代，机遇与挑战并存，从海外到国内、从沿海到边疆、从城市到乡村都有许许多多问题需要破解，时代呼唤青年担当历史使命。我们青年科研人员，也应坚定理想信念，怀揣厚重的家国情怀，以科学创新的精神开拓进取，以脚踏实地的作风务实苦干，为社科院的发展贡献力量，为实现中华民族伟大复兴的中国梦添砖加瓦！青春是用来奋斗的，奋斗的青春最美丽！

刘召峰

踏踏实实地奋斗，为高端智库建设贡献绵薄之力

刘召峰，中共党员，上海社会科学院生态与可持续发展研究所行政，博士，研究方向：环境政策评估、城市环境治理。主持上海市哲社规划办青年课题《全球城市区域视角下长江经济带环境合作路径研究》，发表论文十余篇。

五四运动已过百年，五四精神在中国共产党引领亿万人民奋进在伟大复兴的新航程中愈加彰显。习近平总书记指出“每一代青年都有自己的际遇和机缘”“中国青年永久奋斗的好传统一点都不能丢”。新时代，天地广阔。作为上海社科院的一员，要牢记总书记的殷殷嘱托，与祖国、城市同呼吸，共命运，为我院国家高端智库建设贡献自己一份力。

一是强学习。上海社科院岗位特点之一是不断学习，确保理论水平始终处

在最前沿，“把中国精神、中国价值、中国力量阐释好”。随着新兴学科、交叉学科的出现，社科问题研究逐渐引入自然科学方法论，科研人员学习压力和迫切性日渐增加，需要创新学习方法和形式，提升科研能力。由于环境问题研究的学科包括生态经济学、环境经济学、环境工程、区域经济学、环境管理和规划等，生态所科研人员的学科背景大不相同。为此，生态所科研人员成立多样的学习小组，共同学习最新理论、最新研究方法（如大数据和人工智能）、最新的环境政策和智库同行的特色成果，并结合自己专业做好解读，丰富了研究视角，把握了问题切入点。同时，随着服务对象的知识水平提升以及智库市场激烈竞争，更需要加强学习，扩大国际视野。

二是赴基层。用中国理论解读中国实践需要科研人员深入基层，勘察问题产生原因，与利益相关方做好真诚沟通，才能为决策提供良好的智力支持。与大学科研不同，社科院科研深扎基层，与事务部门联系紧，更能服务好对象。生态所赴外单位轮岗挂职的同事，在院党委组织部领导安排下，既提升了科研能力，也拓宽了研究视野。两个调研较为深刻，一是到浦东的老港垃圾填埋场和黎明资源再利用中心调研，生态所科研人员切实认识到环境问题对上海全球城市建设的重要性，也能转换研究视角，从而为上海垃圾处置问题提供可行的方案。另一个是到长江上游地区调研环境治理和生态补偿问题，生态所调研组亲自联络调研对象，与当地政府、企业、学术单位、市民等展开座谈，整个调研过程和座谈让调研组成员受益匪浅。

三是共成长。团队发展离不开个人贡献，个人成长需要团队的培养。作为我院人才培养机制最基础的团队，在日常工作中，在重大课题攻关中，在对外学术交流中，为科研人员和行政人员提供了广阔的试炼平台和精准的发展方向。科研人员和行政人员共成长。不同岗位的职工在团队建设中相互磨合、相互沟通、相互补位，为提升团队竞争力凝聚力量。

奋斗永远是青年的主题。把握和利用好社科院前辈打下的优质平台，会使我们青年插上梦想翅膀，不忘初心，砥砺前行。

田艺琼

心中有阳光　脚下有力量

——习近平总书记成长经历对青年科研人员的指导意义

田艺琼，中共党员，法学博士，上海社会科学院宗教研究所助理研究员。主要研究方向：宗教与国际关系研究、伊斯兰研究。主持省部级课题2项，在《世界宗教文化》《阿拉伯世界研究》等国内外期刊发表论文10篇，曾赴以色列特拉维夫大学、香港中文大学、阿联酋外交学院等高校交流访学。

2017年，《习近平的七年知青岁月》是当年夏天最为炙手可热的读物。我也在第一时间购买此书并且饶有兴趣地仔细研读。其中，梁家河父老乡亲对习近平总书记青年时期的评价给我留下深刻印象。在被问到习近平总书记为何能够从一名普通知青成长成为梁家河大队的领头人时，曾与总书记同住一孔窑洞的雷平生总结出“强烈的使命感、辩证的思维方式、遇事有定力、肯读书善学习”四个主要特点。虽然所处的时代背景、所面临的主要问题、所扮演的社会角色全然不同，但习近平总书记的成长经历，尤其是以上 4 个特点对青年科研人员塑造精神品质、凝聚核心气质、铸就奋斗底色、彰显昂扬风貌具有重要指导意义。

一、强烈的使命感

习近平总书记指出："不忘初心，方得始终。中国共产党人的初心和使命，就是为中国人民谋幸福，为中华民族谋复兴。这个初心和使命是激励中国共产党人不断前进的根本动力。"对我院青年科研人员而言，进院工作一段时间后都会感受到社科院与高校的不同，在理论研究与应用研究中找到平衡点是我们每个人都要经历的过程。我院"双轮驱动"、将研究落到实处的理念不仅引导我们尽快完成学术研究的转型，也进一步激励我们将强烈的使命感和责任感融入科研工作中，使自己的所思所学真正能够为推动国家发展、城市建设尽绵薄之力。

二、辩证的思维方式

进院一年多以来，我不仅尝试从理论研究向应用研究转型，同时也尝试从政治学研究向宗教学研究转型。因此，不同的研究目标、不同的学术话语恰恰使我拥有更为多元的视角，也能够辩证地看待我所研究的问题。尤其在研究宗教问题的过程中，私人领域与公共领域的转换、理性与非理性的转换、抽象与具象的转换都对辩证的思维方式提出了较高的要求。

三、遇事有定力

习近平总书记曾引用过"志之所趋，无远弗届，穷山距海，不能限也"来勉励青年人要脚踏实地、埋头苦干，既要有初生牛犊不怕虎的冲劲，也要有千锤百炼还坚韧的定力。在当前快节奏的社会环境中，"板凳要坐 10 年冷"已然成为一种"苦修"，对于刚刚踏上工作岗位的年轻人而言更是如此。因此，面对压力、面对诱惑、面对迷惘，唯有坚定的理想信念、坚定的奋斗目标才能成为青年科研人员永远指引前进方向的灯塔。

四、肯读书善学习

习近平总书记在青年时代曾经阅读大量的书籍，甚至在下乡的行李箱中也全都装满了书，常常在窑洞中彻夜秉烛夜读。在当时的历史背景和条件下，书籍是极其珍贵的资料，不仅一种心灵上的慰藉，也是与外部世界沟通联系的桥梁。对比我们这些生活在信息爆炸时代的青年，书籍以及其他学习资料都前所未有地丰富、易得，更应多读书、读好书，让读书成为一种生活方式。

"心中有阳光，脚下有力量"，源于 2016 年习近平总书记"在知识分子、劳动模范、青年代表座谈会上的讲话"，区区 10 个字却像太阳一样源源不断辐射温暖与正能量，给我留下了极为深刻的印象。当时习近平总书记讲话的原文是"要以国家富强、人民幸福为己任，胸怀理想、志存高远，投身中国特色社会主义伟大实践，并为之终生奋斗。心中有阳光，脚下有力量，为了理想能坚持、不懈怠，才能创造无愧于时代的人生。"一席朴实的话语道出了总书记对青年一代的期望，我们尚社青年也必将以此为目标，谱写属于新时代的奋斗乐章。

程　鹏

青春如何度过

程鹏，中共党员，上海社会科学院文学研究所助理研究员，民俗学博士，中国民俗学会理事。主要研究领域：旅游民俗学、文化遗产与文化产业、民间信仰。曾参与国家社科基金项目、省部级项目及各类横向课题十余项，在各类期刊发表论文十余篇。

青春，一个充满阳光与热血的词，是自由洒脱、激情澎湃的年少不羁，是敢闯敢拼、不惧失败的昂扬斗志。多少人歌颂过青春、赞叹过青春，那些关于青春的故事与诗歌经久流传，激励着一代代的青年勇往直前。当然，不同年代的青年也许有着不同的青春体验，站在 2019 年的春天思索，青春是什么？似乎也有了一些不同的感悟。一个人的青春是短暂的，当青春逝去，芳华不再时，是否会有无悔的感慨？当我们阅读《钢铁是怎样炼成的》时，总会为保尔·柯察金而感动，那段名言也早已印在我们心中。宝贵的生命如此，短暂的青春亦如是。青春不只是个人的风花雪月，当人们将青春年华与民族国家相联结，也便有了永恒的意义和耀眼的光芒。

遥想当年，五四运动的青年，他们的青春是一把火，点燃了赵家楼，燎破了深沉的黑夜，激起了中华儿女的热血。从此以后，亿万中华儿女为国家的兴亡前仆后继，将自己的青春和热血挥洒在祖国的大地上。中华人民共和国的成立，离不开广大青年的努力与付出，新中国的建设，同样也离不开众多青年的奋斗与奉献，他们都将自己美好的青春献给了祖国和人民。

21世纪的今天，我们生活在一个和平繁荣的国家，我们又该怎样度过自己的青春？我们来自不同的专业，我们从事着不同的职业，我们的兴趣爱好不同，我们的目标也各异，但将我们自己的理想与家国命运相连接时，我们的青春也会更加绚丽多彩。

作为一名科研人员，从进入上海社会科学院的那天起，我的青春便有了不同的含义。我的专业是民俗学，在中国，它发端于五四新文化运动，与我们的民族国家紧密相连。构建民族国家认同、建设公序良俗、发展民俗经济，这个看似弱小的学科却有着重要的作用。来到社科院工作，是我人生中的一大幸事，我可以将自己的学术理想与国家和社会的需求相结合，将科研成果转化成专报，积极为政府建言献策。忘不了曾经奋斗过的日日夜夜，忘不了那努力挥洒的汗水。披荆斩棘的快乐，是青春奋斗的火花，为我的人生增添了许多色彩。当然，曾经的我也有过迷茫和彷徨，留在魔都的生活压力使我倍受煎熬，即使朗诵《相信未来》都缺少底气，而研究方面也没有作出什么丰功伟绩，让我一度失落压抑。幸而得到领导的鼓励和同事的帮助，让我得以克服困难，继续努力前行。今天的我，虽然已经一步步迈入中年，但我希望自己能留住青春的激情与活力，继续谱写美丽的画卷。

正值青春年少的朋友，也请珍惜你们美好的时光吧！立鸿鹄志、做追梦人，勇敢担负起祖国和人民赋予的历史重任，把握好人生的航标，扬起理想的风帆，用实际行动去谱写自己的青春。

马 双

发扬五四精神，践行“四力”要求，做好新时代智库区域科学研究

马双，中共党员，上海社会科学院信息研究所助理研究员，理学博士，擅长研究的领域是区域发展与技术创新。主持省部级课题 1 项，在 *Chinese Geographical Science*、《地理科学》等核心期刊发表论文二十多篇，在《光明日报》等重要媒体发表文章 1 篇。《科技进步与对策》《上海经济》等期刊的匿名评审专家。

习近平总书记在纪念五四运动 100 周年大会上的讲话指出，五四运动以全民族的行动激发了追求真理、追求进步的伟大觉醒。青年要保持初生牛犊不怕虎、越是艰险越向前的刚健勇毅，勇立时代潮头，争做时代先锋。习近平总书记还对宣传思想工作者提出了谆谆教诲：“不断掌握新知识、熟悉新领域、开拓新视野，增强本领能力，加强调查研究，不断增强脚力、眼力、脑力、笔力。”作为一个刚刚踏入工作岗位不久、致力于区域科学研究的青年科研人员，面对党和国

家的殷殷期盼，面对急速变化的新形势新要求，我愈发意识到，发扬五四精神，践行“四力”要求，积极投身国家高端智库建设的火热实践，做好新时代区域科学研究的紧迫性和必要性。

做好新时代智库区域科学研究，要练好脚力，勤于调研。区域科学研究不能闭门造车，异想天开，更不能将理论束之高阁，脱离实践。针对国家实施乡村振兴战略与上海加快推进全球城市建设的新形势，市相关部门委托我们开展实地调研，分析研究推进农民向城镇集中居住的困难瓶颈和优化政策。2018 年盛夏，我随课题组历时 2 个月，前后十余次深入 9 个涉农郊区对农户、农区开展实地考察和调研，并与基层干部交流座谈，从各个层面了解情况，听取意见和建议，形成调研笔记 4 万余字，录音材料和访谈问卷近 50 份。烈日当头，热情不减，因为我深知，要想做好区域科学研究，离不开勤劳的双脚。

做好新时代智库区域科学研究，要练好眼力，善于发现。科学研究不能人云亦云，跟风攀附，而应明辨是非真假，发现问题所在。当前，区域发展政策乱象丛生，国内各城市都不约而同地把发展战略性新兴产业作为重点，并由此延伸出光伏、文化创意、物联网、人工智能、大数据等高附加值产业，围绕其争相打造“文创之都”“数字小镇”“大数据基地”等。目前，全国已有 70 多个城市宣称要建设中国“动漫之都”，约 20 个省市将动漫产业作为发展重点；物联网在江苏无锡首发后，国内许多城市一哄而上，热炒物联网概念，兴办物联网产业园。然而，忽视现实基础、盲目追求新兴产业和技术，国外城市已有惨痛教训，其实质是无法找出一条契合区域实际的产业发展路径。为此，我基于技术关联和相关多样性的视角撰文论述，投稿相关权威期刊并在多个学术会议上进行汇报，观点论据得到外审专家和与会学者的一致肯定。洞悉问题，质疑挑战，因为我深知，要想做好区域科学研究，离不开敏锐的双眼。

做好新时代智库区域科学研究，要练好脑力，敢于思考。科研工作本质上属于脑力劳动，这需要我们不断增强脑力，争当多思考、多探索的思想者。在浦东新区唐镇产业发展规划的编制过程中，起初我们倍感压力，唐镇受制于空间资源、产业基础、用地权属和保障资金的束缚，产业升级和转型发展困难重重。在学者前辈的指导下，我们不再局限于旧有想法和传统思维，就瓶颈障碍的破除、发展目标的设定、重点产业的选择等内容做了许多大胆的思考，反复研究论证，提出了切合唐镇发展实际的产业体系和空间布局，为规划编制奠定了基础。广泛思考，深入探索，因为我深知，要想做好区域科学研究，离不开智慧的头脑。

做好新时代智库区域科学研究，要练好笔力，勇于抒写。增强笔力，才能更好体现脚力的广度、眼力的深度、脑力的高度，同时也更能体现情感的厚度和透明度，抒写真情实感，不虚假，不夸张。在对张江七大战略性新兴产业、22个园区和数千家企业进行数据分析和统计测算的过程中，我发现部分结果似乎不符合预期，反复检查后，也不知问题在哪，我渐渐地开始担心起课题成果的受认可程度。我同师姐诉说心路历程，她鼓励我说："科学研究只要学理通顺、方法得当、论证无误，不论得出什么样的结论都是真实的反映。"我们经过反复的商讨验证，确定了最终稿件。汇报当天很顺利，课题成果赢得了委托方的高度赞赏，同时还追加了一个小课题让我们继续跟踪研究。直抒胸臆，饱含真情，因为我深知，要想做好区域科学研究，离不开直挺的笔杆。

100年前，时局动荡，国家危难，五四青年不畏艰险，追求真理、追求进步；100年后，民族昌盛，国家富强，青年学者更应勇立时代潮头，发扬五四精神，践行"四力"要求，做好新时代智库区域科学研究。

王　月

献青春力量，彰巾帼风采

——记上海社科院新闻所妇委会

王月，上海社会科学院新闻研究所副研究员，文学博士。研究领域：媒介文化、媒介环境学。主持国家社科基金课题1项、省部级课题1项、出版专著1部。在核心期刊发表论文十余篇，在《社会科学报》《中国青年报》《劳动报》等重要媒体发表文章3篇。曾获第二十六届上海新闻论文奖三等奖、第二十五届上海新闻论文奖三等奖。

新闻所妇委会设有主任1名、委员2名，组员14名，占新闻所在职职工(21人)的2/3。这支巾帼队伍平均年龄不到40岁，她们宝宝的年龄从3个月到13岁不等，这些职场妈妈均具有研究生学历，她们在项目调研、科研立项、论文发表、专报撰写、专著出版方面都取得了卓越的成绩。其间，王蔚副研究员负责的新媒体中心获得2012年“上海社科院巾帼文明岗”称号、2013年“上海市巾帼文明岗”荣誉称号。这支年轻的巾帼队伍奋战在科研一线，贡献自己的脚力、眼力、脑力和笔力，谱写了一曲“建功新时代”的赞歌！

一、脚力：调研各基层

新闻所妇委会成员曾就“媒体融合”问题深入广州、深圳、云南、四川、北京、陕西、新疆等传统媒体集团和互联网公司调研。妇委会主任童希和新媒体中心主任王蔚入驻上海 SMG 集团进行媒体融合发展长期跟踪调研，深入基层一线，搜集了大量的一手资料，为团队的决策咨询工作提供了丰富的经验保障。

二、眼力：把握新时代

新闻所妇委会与新闻所党支部共同组织观看爱国主义影片，参观“从石库门到天安门”美术展，重温党史，传承红色精神，深刻学习贯彻习近平新时代中国特色社会主义思想，增强眼力，辨是非、分真假，透过纷繁复杂的现象把握本质和规律，唱响主旋律、弘扬正能量，发人民之声，为发现真问题，建言献策做好准备。

三、脑力：思考真问题

新闻所妇委会成员结合自己的研究方向，及时、深入学习、研讨习近平总书记系列重要讲话精神，如“关于坚持和发展中国特色社会主义的几个问题”“加快推动媒体融合发展　构建全媒体传播格局”“庆祝改革开放 40 周年讲话”等。把握新时代的特点，将问题放到大时代背景下进行考量，在决策咨询中做到用中国思路解决中国问题。

四、笔力：献策大中华

新闻所妇委会成员撰写的专报被中央领导批示 6 次，获得省部级领导批示 10 余次。戴丽娜副所长、新媒体中心主任王蔚、同心、方师师、丁方舟等撰写的专报均获得中央和省部级领导批示。妇委会主任童希、王月副研究员等撰写的专报曾获得省部级领导批示。戴丽娜副所长带领的全球互联网治理研究中心与国家互联网信息办公室建立了长期合作关系，接受多项定向委托课题。王蔚副研究员带领的新媒体研究中心接受了多项市委宣传部、SMG 集团委托课题，结项成果都得到了高度的肯定。

五、心力：兼顾所和家

这支巾帼队伍要扮演研究人员、老师、女儿、妻子、妈妈多个角色。她们会在工作之余分享高效工作、克服忧虑、有效沟通的方法，分享授课心得、育儿经验，互赠闲置宝宝用品。在所外，她们是能调研、能拿标、能汇报的职场红装，在所内她们是亲密无间、共同成长的好姐妹！工作之余，她们会参加舞蹈课、心灵成长课、健身训练、公益活动。这支巾帼队伍的爱走出了家、超越了所，心怀天下！

张昱辰

为构建中国哲学社会科学理论体系而奋斗

张昱辰，文学博士，上海社会科学院新闻研究所助理研究员，复旦大学信息与传播研究中心青年研究员。研究领域：城市传播、媒介与传播理论。主持教育部重点基地重大课题子课题 1 项、上海市课题 1 项。在《国际新闻界》《现代传播》《新闻学研究》(中国台湾)、《新闻大学》等新闻传播学重要期刊发表高质量论文若干。

“新时代是奋斗者的时代。”习近平总书记曾发出过这样的奋斗动员令。在这个发展迅猛、竞争激烈的时代，奋斗者能追赶进步大潮，能彰显异彩。于个人而言，奋斗为梦想助力，为成功助跑；于社会而言，奋斗增添社会正能量，使社会朝气蓬勃向前跑。奋斗的号角是历史的必然结果，是社会选择的结果。对哲学社会科学研究的青年科研工作人员而言，在新时代历史背景下，需要在学术道路上砥砺前行，不断奋进，为建构中国特色社会科学理论体系而努力。

改革开放以来，中国的哲学社会科学经历了突飞猛进，全面与世界接轨。在新的历史起点上，中国的哲学社会科学的进一步发展，离不开理论体系的建构。具有现实感、有价值的理论，需要与中国特色社会主义制度和中华民族的主体性密切相连。国内学术理论界在树立理论自信、构建具有中国主体性的学术话语体系的道路上任重而道远。尽管哲学社会科学各个学科在方法论上有了长足的进步，取得了丰富的成果，并在不少领域获得了国际影响，但总体而言，国内学术理论界对于中国问题的研究，仍以对局部问题的实证或政策性研究为主，缺乏对于重大基本理论命题的关注。

更严峻的是，哲学社会科学的研究者面临一种理论“失语”的境地。中国问题的研究者往往从当代西方主流的学术话语体系中寻找理论概念和解释框架。以新闻传播学为例，中国新闻传播学的研究往往不仅需要对西方主流学术理论观点进行验证或回应，而且需要以西方主流学术理论观点作为其评判的尺度。本土的话语体系建构是不够的。包括新闻传播学在内，中国的学术理论界需要在中国问题和中国模式上发出声音，构建具有理论自信的中国新叙事。这种新的理论话语，需要以中国问题的主体性为首要原则，同时又能够与西方主流理论的概念和话语进行对话和论争。

在这样的背景下，中国哲学社会科学的青年科研工作者应该咬紧牙关，迎难而上，坚持不懈，把奋斗精神融于科研工作当中。不忘初心，担当历史责任，铁肩担道义，抵挡得住各种诱惑，扛得住各种压力。要解放思想，不断创新，刻苦钻研，积累精深。要不忘人民，不做精神贵族。做学问者，无疑是知识分子，甚至被视为精英。但是，我们都来自人民，决不能因为有了点学问，作出了点贡献，就飘飘然，走向精神贵族，脱离普通人民群众。青年学者既要能躲进小楼成一统，又要始终能走进普通大众的世界。哲学社会科学青年科研工作者必须努力做人民所需要的精英，才有可能作出更大学术贡献。

奋斗者是国家前行的驱动力，国家为奋斗者铺就未来。为了实现个人的梦想、民族的梦想，奋斗的号角已被吹响，新时代召唤着每一个奋斗者来发光发热。这是美好先进的时代，这更是属于奋斗者的时代。欣逢盛世，身处激情澎湃的新时代,哲学社会科学青年科研工作者自当珍惜,更当发奋,要紧紧地抓住这千载难逢、大有可为的历史机遇,紧紧地把自己的“志”同国家的前途和民族的前途联系起来,筑梦新时代,逐梦新时代,圆梦新时代。

侯　喆

理解中国，联系世界

——我所参与的“青年汉学家研修计划”

侯喆，中共党员，上海社会科学院世界中国学研究所助理研究员，政治学专业博士。研究领域：海外中国学、中国政治。

我希望以后能有更多的时间去了解中国的文化、历史、国情和思想等。我相信入了乡随了俗，适应了当地的风土人情，融入这个国家，有朝一日就能成为一名真正的“中国通”。我把自己的心一半留在了埃及，另一半则留给了中国。

——埃及青年汉学家　安然

作为上海社会科学院世界中国学研究所的一员，我有幸参与了旨在促进海外汉学家们认识与理解中国的“青年汉学家研修计划”。以中国学的研究者和会务工作者的双重角色参与“青年汉学家研修计划”是一件非常有趣的事情，其间的见闻让我开始思考为何新时代海内外的青年学者们在中国的世界角色建构中需要承担不可替代的责任。

从传统汉学到现代汉学，从对中国文化的猎奇心态到对中国经济、政治、社会发展模式的兴趣，“青年汉学家研修计划”中的青年汉学家们讲述的中国故事中显现出，他们研究中国的心路历程多是“情不知所起，一往而深”。青年一代的汉学家们与其前辈相比，思想更为多元，态度也更为开化，这与他们生活的时代、这个时代里中国在世界上角色的变化、中国与其母国之间关系的变化都息息相关。从研究主题来看，中国共产党领导下的中国革命、中国改革都曾是，并仍然是海外汉学家们关注的研究主题。但是对于新一代的青年汉学家们来说，他们在中国生活、走访、调查，甚至接受长期学位教育的经历使得他们选择关注更具时代性的主题，他们讲述的中国故事也展现出中国在世界上影响力的变化。在这样的背景下，中国共产党领导下的新时代的中国成为他们观察与研究的绝佳对象。

与“青年汉学家研修计划”中汉学家们的交流可以看出，他们在中国的参与之深、之广远超其前辈。他们关注中国“一带一路”倡议在各国的辐射，关注中国在区域一体化建构中的积极角色，关注中国的“和”文化在世界范围内的影响力，他们是中国的世界角色构建中不可替代的一角。世界各国通过他们来了解中国，而我们也可以通过他们来观察世界眼中的中国。通过研修计划，作为生活在新时代的中国人，我们与他们讲述中国的发展、中国的现实与中国的特色，这样的对话不是灌输，而是双向的思想碰撞。我们可以看到他们眼中的中国，他们也了解了中国眼中的世界。

如果说青年汉学家们讲述的是他者眼中的中国发展与中国故事，那么我们所从事的海外中国学研究就是要确立我们看待这些故事的角度与姿态。这一来一往之间，青年汉学家们更为了解与喜爱中国，理解中国所处的发展阶段，认识中国所作出的诸多抉择的应然与必然。而我们则基于对其研究的认知，更加坚定地走新时代中国发展的道路。在这样的相互理解中,海外青年汉学家们与中国的青年研究者们得以齐心协力,共同助力中国的未来发展与中国的世界角色建构。

行政人员篇

张佳林

青春,在奉献中成长

张佳林,中共党员,经济学学士,上海社科院党委组织部党建干事、院机关工会委员。

弹指一挥间就迈入进院的第 10 个年头了,其中在院党委组织部朝东的办公室里工作的时间已经 6 年。在这个面向全院党员的窗口岗位上,我不仅经历了群众路线、“两学一做”“不忘初心、牢记使命”主题教育实践活动,还在各项党建基础工作中不断得到成长。6 年间,我手上办理了 1 000 余名党员的组织关系转接,数百份通知的下发和全院各党组织材料的上交、协助部门领导组织了大型培训活动数十次。朝九晚六是我们的工作常态,在和团队互相配合的过程中,自己深深感到从事党务工作是非常光荣的使命。

我院是宣传系统唯一一家有研究生党员的单位，每年为数百名新生和毕业生办理组织关系转接是我的工作内容之一。由于研究生党员住宿在中山西路分部，有的研究生党员对组织关系转移又不甚熟悉，常常会遗漏材料，多次在总部分部间往返办理转接关系。考虑到学生党员的特殊性，我在部门领导和研究生院党委的支持下主动提供“上门”服务，每年毕业季和开学季在分部定时定点设立党组织关系转接临时办公点，方便学生党员办理党组织关系转接手续，虽然自己要多奔波几次，但是每次可以方便近百位学生党员，心里还是喜滋滋的。

2018 年是建院 60 周年。11 月，院党委要为全院 30 年以上党龄的 40 名在职党员举行集体政治生日活动，党委组织部精心准备。在筹备过程中，为了给每位党员准备好一份“特殊的生日礼物”——自己当年的入党志愿书复印件，我们全身心投入从镜框、纸张的选择到版式的设计，每一步都经过反复挑选和修改。我认真和上级汇报，和制作方沟通，落实相关要求。在当天的集体生日活动会上，老党员们接到“生日礼物”后心情激动，纷纷发表真挚感言。“作为一名共产党员不光要从组织上入党，更重要的是从思想上入党，思想入党是无止境的。”“共产党员要以高标准严要求，承担党的事业、国家的事业和社会的事业。”“我们始终要坚定信仰，勇于奉献。”“党员要不忘初心的力量，要永远跟党走。”老党员知行合一，一心向党的精神也使我深受触动，为自己能够参与集体生日会的前期筹备而深感自豪。

2019 年 3 月，一位退休老党员来我部求助。由于时间久远，他获奖证书都已丢失，希望得到组织证明。老同志年事已高、腿脚不便。考虑到他身体状况不佳不便来回奔波，也本着实事求是的精神，了解具体情况后我请老同志留下联系方式先去附近休息，随即联系档案室调取档案核实。由于年代久远，档案内一张张泛黄的纸张、一个个老式的红印记录翻阅起来要分外小心，但始终没有找到想象中式样的获奖证书。一页页查看档案，终于一个特殊的获奖证书映入眼帘——“中国人民解放军高炮××团指挥连获‘×等功’嘉奖”。证明开好后，老同志激动地对我说：“组织上给了我那么多关心，我还得继续加强组织观念。”不久后老同志还寄送来一篇发表的文章《生命，在奉献中延续》。我的敬意油然而生，原来他和夫人都是遗体捐赠者，能为这样有奉献精神的共产党员服务使我倍感光荣。

我想,作为一名青年基层党建工作者,要秉承老一辈党员的意志,继承和发扬先辈党员的奉献精神,让青春在奉献中成长。

刘　峰

爱岗敬业：宣传部的年轻小伙伴们

刘峰，中共党员，上海社会科学院工会专职副主席，博士，专业领域为马克思主义中国化，对意识形态和改革思想史问题有一定的研究。曾长期从事宣传工作，在摄影创作、大型展览等影像传播领域方面具有较丰富的实务经验。

坐落在淮海中路622弄7号的社科院大楼，有许多精彩的故事。因为淮海路寸土寸金的缘故，几十年里，大楼里的每个房间不知轮换了多少部门，凡是进院工作有些年头的同事，难免经历办公室的调换。进进出出，青春年华就与社科院紧密联系在一起。我进院时间不长，不过也算年轻的老同志，有幸与宣传部的各位同事一起工作十几年，期间有些同事因为工作调动离开了宣传部，但小伙伴们并肩作战，相互支持的场景仿佛昨天。工作的内容在变化，不变的是对岗位的热爱，对工作的执着与投入。

在社科院同仁的眼中，宣传部的日常工作对政治敏感性、文字把握能力有很高的要求，是一个“看菜吃饭”的活。殊不知，宣传工作仅仅靠个人的“单兵作战”，作用很有限，要充分利用团队协作的优势，搞“歼灭战”。刚到宣传部工作的头几年，部门里聚集了好几个年轻人，因为年龄相仿，平时气氛很活跃。平日里大家各自负责一块工作，有条不紊，但遇到重要任务，特别是棘手问题，都会相互求助，七嘴八舌，出各种点子。若干年下来，大家心中早已熟稔重要节点宣传的工作要求，也渐渐摸出了门道和规律，因此在其他部门看来颇有难度的工作，宣传部的小伙伴们总能群策群力，找到解决问题的方法。这虽然看起来有经验主义的嫌疑，但谁也不能否认经验归纳是通向事实真相的道路之一，干实际工作更需要有这股子钻劲。以院庆节点的宣传为例，每一次院庆宣传既是对社科院发展历程的总结和展望，也是对宣传部门工作效能的压力测试，更是对所在部门同志能力和素养的全方位考验。拍纪录片、办展览、出画册、搞知识竞赛，每一项看似艰难、巨大，甚至有点像不可能完成的任务，但在小伙伴们的共同努力和相互协作下，每项工作任务从想法变为现实。团队协作、分工负责，已经成为宣传部小伙伴们在工作中的自觉行动。这大概可以认为是一种爱岗敬业，尽管这些事看起来并没有像词语本身那样，富有崇高的意义，但却朴实而有力。

最近公众舆论中关于“996 工作制”的话题热了一阵。“996”的原意是指国内互联网企业朝九晚九，一周 6 天的不成文工作制度。如果真要回溯这样的工作制度，差不多要回到马克思在《资本论》对工作日问题进行批判的章节了。对于超时工作，不同的公司或单位，甚至同一单位的不同部门都有完全不同的认识。如果说企业倡导“996 工作制”还有利益驱动的原因，而每个劳动个体为了尽可能完成好工作任务而自愿加班，显然就不能仅用外在的制度约束解释了。或者说，很多人忽视了出于对职业的尊重和热爱，以及自我实现这一内在驱动力而产生的超时工作现象。院里很多同事经常感叹，搞科研工作是全年无休，脑子里总是转这些事。这既反映了科研工作的艰辛和繁重，也充分说明了同事们对社科研究的无限热爱。科研如此，宣传工作亦如此。院里每两年举办一届世界中国学论坛，时间越逼近开会日，各相关部门也都逐渐上紧发条。宣传部也不例外,有时也搞超时工作的“套路”。平时工作张弛有道,但临到中国学论坛这样的重要宣传节点的大外宣平台,面对众多的中外媒体,部里的小伙伴们都始终绷紧神经,把住政治关和文字关,保证每篇对外发送的新闻稿不出问题。只要媒体还在等待,学者们的观点还在传递,小伙伴们的工作就还在持续,哪怕到夜深人静的时候。在很多时候,“坚持”并不能用理性权衡的逻辑来理解,意志和信心往往更重要。

上面谈到的这些事,或许很多单位或部门的普通一员都曾经历过,只不过事情的内容不同而已,大体上也都认为是稀松平常,再正常不过。范仲淹所说的“波澜不惊,宠辱皆忘”,说的是人情通达的脱俗不凡状态,但普通人鲜有如此高深智慧,只是平凡地生活与工作,有小小的梦想与坚持,以不辜负对工作的承诺。我所看到的,就是这样一群真实、普通,尊重、热爱工作的,温暖而有力的,曾经的小伙伴们。

邹利娟

以青春之我，融入新时代青春之事业

邹利娟，中共党员，上海社会科学院研究生院学位办职员、辅导员。

“东方美先生曾说：‘学生是心灵的后裔。’对我而言，教书从来不只是一份工作，而是一种传递，我将所读、所思、所想与听我说话的人分享，教室聚散之外，另有深意。他们，都是我心灵的后裔。”这是齐邦媛在《巨流河》中对文学、教育以及家国至深情怀的流露，也道出了我从 2018 年 7 月应届毕业进入上海社科院研究生院工作以来所坚守的一份热情与理想。这份热情来自挥洒青春汗水努力实现个人价值，这份理想关于培养青年人才接力建设伟大祖国。

进入研究生院工作后，我同时负责学生工作与学位工作等行政工作，虽然两部分的工作内容有所不同，但都是与学生打交道。在这方天地里，我看到过2018级新生入学报到时对未来憧憬的喜悦，也看到过性格内向的学生在我办公室潸然泪下的痛苦，见到过父母因为孩子出现心理问题时脸上密布的愁云，亦看到过学生因学位论文出现问题时的焦灼。我曾无数次想，我何其有幸能直面如此多真实的心灵，在这个工作岗位上，把我的所思、所想与他们分享，或宽慰，或安抚，或倾听，以己之力"为学生心灵埋下真善美的种子"。然而，我又深知在幸运的背后，只有更加努力，提升自己，才能更好地引导学生，为他们的喜悦、困惑或者痛苦带去哪怕一丝丝陪伴的温情，便是找寻的生命之意义。

作为2018级辅导员，我努力贴近学生，尽可能为他们服务。通过拓宽交流渠道，线上和线下的沟通齐头并进，创造更多与学生沟通的机会。平时下班后，也经常会有学生在微信上询问各种问题，只要看到的时候，我总会及时回复，手机永远处于开机状态，以应对任何突发事件。在跟学生沟通的时候，我始终保持一颗赤诚之心，用自己尚浅的人生阅历和知识，真诚地帮助他们解决学习上、生活上的困惑。曾有一位2018级学生跟我说，辅导员是存在感很弱的一个群体，我却不以为然。思政工作，很难急功近利，立竿见影，而是一种对自己理想的坚守，在春风化雨般的指引下为"立德树人"尽一份自己的绵薄之力，为那些喧嚣与躁动赋予平实和静穆，"收缩无限的时间并空间于方寸的心中"。我想，这便是丰子恺说的"大人格"。作为一名普通的思政工作者，对于此种人格与人生，虽不能至，而心向往之。

与辅导员的思政教育定位有些不同，学位工作不仅面向学生，还面向各研究所学秘、导师，以及对接其他高校学位办和市学位办。另外，学位工作具有非常明确、严格的时间节点，在整个研究生学业生涯的尾端，却是对3年学业最有效的试金石。今年，教育部提出狠抓学位论文和学位授予管理，对学术不端行为坚决露头即查、一查到底、有责必究、绝不姑息，实现"零容忍"，依法依规从快从严查处。在如此严峻的形势下，学位工作容不得半点马虎。从开题报告、预答辩、学术不端行为检测、盲审以及到最后的答辩，都有着严格的管理和监督流程。平时，学位办积极为学生开展论文指导的讲座，督促学生认真撰写学位论文。在2019年应届毕业生来提交学位论文查重稿和送审稿的时候，我会加班加点为他们检查有无格式错误，以保证论文最基本的质量。学位办严格的要求是对学生最大的负责。在学生的学位论文盲审评议表返回之后，我一一查阅，仔细分析，及时反馈，尽自己最大的努力做好相关学位申请工作。

加班是常有的事，每天往返于拥挤的9号线，在来回的地铁上，我不仅要反思今日的不足，还要未雨绸缪。有时非常疲惫，在摇晃的车厢里，看着拥挤的人们面无表情的脸庞，我想着庞德的《在地铁车站》，这些脸庞，或暗淡、或明媚，我突然有种庄生晓梦的须臾抽离。也曾想，远离故乡的安稳，留在这座陌生的城市，在疲惫里来回奔波的意义何在。但当我看到学生脸上的笑意盈盈，当我听到学生向我敞开一颗柔软的内心，两个灵魂在对话之时，我便早已知晓如此奋进的意义，即是“把小我融入大我”。

正如习近平总书记所说：“新时代中国青年处在中华民族发展的最好时期，既面临着难得的建功立业的人生际遇，也面临着‘天将降大任于斯人’的时代使命。”在上海社科院研究生院的工作岗位上，我个人作为青年中的一员，面临着难得的人生机遇：每天面对这群可爱的青年学生，也面临引导青年提高本领服务社会的时代使命，真的是生逢其时，也重任在肩。“蜗牛角上争何事？石火光中寄此身。”不管如何，我将不负青春，不负韶华。

常思雨

用奋斗谱写青春之歌

常思雨，中共党员，取得中级会计师资格，就职于上海社会科学院财务处。现任经济所和宗教所会计、财务处支部宣传委员。兴趣广泛，积极参加院内各项活动，多次登台演出，展现社科人风采。如，2017年国庆歌咏比赛、研院迎新晚会、朗读者活动，2018年院建党97周年主题党日活动，2019年院三八妇女节表演活动等。

2015年，大学毕业的我应聘考入上海社会科学院，成为财务处的一线工作人员。作为院里第一代90后工作人员，我在会计岗位上工作了快4年，由“新同学”变成“老员工”。当年我来到院里，同龄的年轻人非常少。这两年院里新招聘了不少和我同龄的工作人员，我们彼此鼓励、相互学习、见证成长。时间过得飞快，青春值得珍惜。要趁着年轻努力奋斗，就必须拥有健康的体魄，找对工作方法，并保持危机意识，让青春之歌高亢美妙。

一、拥有健康体魄，为奋斗助力

因财务工作的特殊性，需要长期面对电脑伏案工作，大家的颈椎腰椎都不太舒服，有的人甚至患了“职业病”。有一段时间，我也感到四肢僵硬，腰酸背痛，下班回家什么都不想做，只想“瘫”在床上。但在我定期运动之后，情况发生了很大变化：每天精力充沛，做事情充满干劲；皮肤亮晶晶，整个人神采飞扬。近年来，在院工会和院团委的支持下，大家自发组织了羽毛球、台球、乒乓球、舞蹈等社团，趁午休、下班的时候聚一聚，运动起来，活动筋骨，放飞自我，工作起来越发干劲十足。

“身体是革命的本钱”。生活、学习、工作都需要好身体打基础。适当的运动，可以缓解工作的压力，放松心情，舒展身姿。健康的体魄就像充满能量的蓄电池，能不断地为奋斗的我们添加动力；人生是场马拉松，只有那些具有健康身体的人才能坚持到最后。活力四射的我们能更加积极地面对挑战，也更有精力去奋斗，去创造属于自己的“一片天”。

二、实干加巧干，找方法提效率

财务工作涉及数据分析统计。我刚工作的时候，有一次统计劳务费个税。当时我虽然使用 Excel 表格，但是没有用函数公式来统计，而是用最原始的方法，全部手工合并统计，费时费力。看似非常努力，最后效率却不高。后来我理清工作思路，觉得应该用更科学的方法来进行统计。于是我上网学习相关嵌套函数及数据透视表的操作方法，把原先需要手工统计 1 个礼拜的工作缩短至两三天内完成，既准确又快速。这样既掌握了相关知识，又提高了工作效率。

这次经历后，我在工作的时候会做工作笔记，对工作中的新思路、提高工作效率的新方法进行总结记录，以便日后更好应用。现在遇到不同的任务内容，我也会先去思考解决问题的思路，不断找到最优的解决方法。有时，我们看起来好像很忙很累，但很多时候都是在做大量重复的事情。总结经验，找到最优、最简洁、最科学的解决问题的方式方法，能大大提升我们工作的质量和效率。

三、心存危机意识,不断完善自我

今年按照国家要求,事业单位会计核算科目进行大调整。我们办公室的同事们都有危机感,纷纷表示再不学习就跟不上时代发展脚步了。大家主动要求联系专业老师进行培训,在培训时认真倾听老师讲解相关政策规定,虚心向老师提问,积极采纳老师针对单位具体情况给出的建议。我们围坐在老师身边,好像又回到学生时代。此刻,我感受到了同事们对新知识的强烈渴望,我们团队的专业技能也得到进一步提升。

时代在发展,知识结构在不断变化。即使身处相对稳定的“体制内”,我们也不能放松对自己的要求,要始终保持危机意识,不断学习新知识。我和周围的年轻同事也一直利用业余时间进行专业学习,提升自我。有的考职称,有的考注会,有的考 ACCA。大家都积极补充“能量”,学习新的专业知识,提升专业技能,努力为我院高端智库建设贡献自己的一份力量。只有这样,我们才能在竞争中立于不败之地,不被社会所淘汰。

“青年兴则国家兴,青年强则国家强”。我们年轻一代社科人在各自的工作岗位上应该努力工作、砥砺奋进,以社科院为荣,也希望有朝一日社科院以我们为荣!

肖皓栋

尚社青年奋斗新时代

——《社会科学报》"G"时代的新媒体建设

肖皓栋，民盟盟员，上海社会科学院社会科学报社办公室副主任、发行部主任、记者。

党的十九大后，上海社会科学院加快推进国家高端智库建设。《社会科学报》作为上海社会科学院唯一的全国发行报纸，充分发挥理论专业媒体的特点，同时担负着党的理论宣传重任，紧紧把握网络时代信息技术脉搏，积极探索建设新媒体框架。借助新媒体平台优势，大力传播社科领域最新研究成果和智库建设成果，取得了远远超出以往纸质媒体的影响效果，已成为我院建成中国特色社会主义新型智库的主要宣传阵地之一。

2019年是中华人民共和国成立70周年、五四运动100周年、上海解放70周年。作为上海社会科学院《社会科学报》社一员,已有12个年头。从最早作为报社发行和行政人员,到现在兼任新媒体责任编辑,在这十多年中参与了《社会科学报》新媒体发展和建设的全过程。现在,社会科学报已经形成了纸质报纸与新媒体双轮驱动的全新运行模式,包括纸质报、网站、微信、微博、电子报五位一体的立体架构宣传平台。从数据上看,目前已取得全年网站网页PV340万、微信粉丝16万、微博日活2万等的不错成绩。在这背后是社科院领导和报社领导的大力支持,以及报社同仁多年的齐心协力和辛勤奋斗。

2014年,几乎所有的中国人都已经用上了4G的智能手机,人们已经无法想象我们没有网络会是什么样子;5G中国的华为很有可能会一枝独秀成为我们国人的骄傲!从1G到目前4G乃至今后5G,随着科学技术的发展更迭越来越快,3G技术还未远去,4G技术方兴未艾,5G技术已蓄势待发。面对如此快速的移动通讯基础建设的发展,作为一个报社员工在这11年里又经历了哪些变革?

作为报社的宣传发行人员,近几年的新媒体技术已经让纸质媒体的宣传影响受到极大挑战。前几年,这种危机还不是很明显。现在,电子报、电子书可以直接通过移动网络进入每个人的手机里,价格仅仅是传统媒体的几十分之一,甚至是免费,网络营收已经不只是通过个体收费,而是更多通过流量及点击率和网络运营商分成获取。

社科报团队早在2008年就与东方网合作建立了报社网站,于2011年改版7月开通微博,2010年开启数字化建设。2014年完成从1985创刊到当年所有报纸的数字化制作和管理,为了精确到每个字段的检索,团队历时5个月与图书馆合作将创刊到现在所有的报纸进行逐页扫描,电子识别,并且进行核对。面对存放了30多年的旧报纸出现的破损等一系列的问题,在我和我们团队的努力下,都一一得到解决。30年报纸的电子化,得到读者的高度肯定和赞扬。使得读者的查阅更加便捷,工作成效更加有效。

当2014年人们开始使用4G的时候,《社会科学报》的电子版也在同年6月免费开始发布更新,为了能使电子报制作质量优良,我们对电子报纸技术的选择精益求精，经过调查研究，最终同北京的一家知名公司进行合作，数月里往返北京数次，进行产品框架搭建、内部测试和压力测试，有的工作时常会选择在半夜进行，达成北京上海连线。经历了多少个不眠之夜，为的就是确保产品上线后万无一失。也许有人会问：为何选择在2014年推出报纸的数字化管理？因为彼时网络化时代迎来了4G，人们对数据化的依赖进一步加深。这得益于社科报团队对发展的深入观察和理解。我在其中不断成长，积累了更加丰富的工作经验。

如果说2008年《社会科学报》网站建立是社科报新媒体起点的话，那之后的网站、微博、电子化数据库建设、电子报、微信公众号等合作平台，每一步我都在参与和奋斗中欣喜地看到，社科报在新媒体建设紧随移动新媒体潮流，非但没有被新媒体浪潮击倒，反而更加迅速借助着新媒体的力量、新媒体的方式，有力地扩大了《社会科学报》的全国影响力。

在"G"时代，传统纸质报纸阅读群体在缩小，纸质报的发行数量依然维持固定数量，但社会科学报对全国社科领域及上海社科院科研成果、智库建设宣传的影响力并没有因此而降低，这得益于社科报新媒体建设的成效，社科报作为媒体平台的宣传效果不但没有减弱，反而成几何数字的增长。如微信公众号一篇文章去年最高阅读量达到447万，每年破100万阅读量文章近10篇，10万+文章更多。在前不久的评选中，《社会科学报》荣获"上海工人先锋队"称号，这是集体努力的证明，作为社科报新媒体建设的一员，我深感欣慰和自豪。

今天，不能不说媒体的发展已经和"G"时代的到来分不开了。特别是在不久的将来，5G新时代的到来，或许我们连手机都不需要了，刷脸、全息成像，抑或在家中的VR就有《社会科学报》的身影，那么6G、7G、8G……之后又会出现什么呢？作为报社的青年工作者，将竭力拥抱"G"时代的变化带来的"G"力。

我深知，为适应更快的工作节奏和更好地提升工作质量，需要不断加强自身学习，更加努力奋斗，把勇于创新的精神融入工作中。在工作中，深入领会和践行开明睿智、追求卓越的上海城市精神，努力成为新媒体浪潮中的弄潮儿，为把我院早日建成中国特色社会主义新型智库奉献自己的青春力量。

周嗣婧

新时代，青年说

周嗣婧，中共党员，上海社会科学院党委组织部干事、院青管中心秘书长。

“青年兴则国家兴，青年强则国家强，青年一代有梦想、有本领、有担当，国家就有前途，民族就有希望。”

作为当代青年，聆听党的十九大报告足以领悟到未来为我们施展才华所提供的舞台有多么广阔，可以说，很多方面都和青年有着千丝万缕的联系。社会发展的方方面面都离不开青年的广泛参与。更公平的物质分配机制，更和谐的民生解决方案，更正义的政策与法治环境，更宜居的现代生态环境……新时代为我们勾勒出更加美好的新蓝图，同时也发出新的召唤。来而不可失者，时也；

蹈而不可失者，机也。作为当代青年，就要顺应新时代召唤，做一名适应时代发展需要的有理想、有本领、有担当的青年。

青年有理想，则国家有希望。中国共产党人的初心和使命，就是为中国人民谋幸福，为中华民族谋复兴。中华民族伟大复兴的中国梦终将在一代代青年的接力奋斗中变为现实，作为新时代新青年更要把个人的小理想统一到“为人民谋幸福、为民族谋复兴”的伟大理想上来，始终与党同心，与国家同命运。作为2016年进入上海社科院工作的“新”青年，在本职工作岗位上树立正确的奋斗目标就是一种理想的体现。上海社科院是首批25家国家高端智库试点单位之一，作为其中的一名行政管理人员，一是要树立起为科研工作服务的意识，二是要在自己的管理工作中树立目标，将管理工作做得更好。

青年有本领，则国家有力量。对广大青年来说，新时代既是机遇，也是挑战。建设社会主义现代化强国，说到底人才是重要支撑。党的十九大报告放眼未来，明确提出培养造就一大批具有国际水平的战略科技人才、科技领军人才、青年科技人才和高水平创新团队。作为新时代新青年，就要顺应时代发展，学习和掌握新时代环境下智库发展所需的知识和技能。作为一名行政人员，我在工作中积极参加各类培训，不断更新岗位所需的专业知识，用更好的专业技术服务科研，在本职工作中贡献自己的一份力量。

青年有担当，则国家有前途。伟大的新时代，召唤堪当大任的新青年，伟大的新时代，需要踏实肯干的新青年。习近平总书记在陕北梁家河插队的7年，深刻地诠释了青年人的担当。作为队员，他学会犁地担粪；作为社教干部，他带头修厕所，打坝田；作为大队书记，他带领全村修沼气，挖水井。于当代青年，就要保持这种昂扬向上的精神状态和一往无前的奋斗姿态，作为新时代的青年，在工作中面对任务不推诿，面对困难不退却，面对矛盾不回避，面对挫折不放弃，始终坚定理想信念，勇做新时代的奋进者、开拓者、奉献者。

新时代壮阔的征途、宽广的天地、美好的前景，吸引着我们、呼唤着我们、鼓舞着我们。我是青年我自豪，我是青年我奋斗。让我们一起加油，在实现中国梦的生动实践中放飞青春梦想。

姚懿晨

时间都去哪儿了

姚懿晨，中共党员，上海社会科学院党委宣传部编辑。

前两年，一首《时间都去哪儿了》撩动了不少人的心弦。歌词感慨了父爱母爱的伟大，但也使人惊觉时间流逝的无情与无奈。时间的珍贵，似乎就如同空气一般，人人都知道，时时在其中，但天长日久，总在不经意间才猛然想起。到了年末，朋友圈总会有人发文：今年余额已不足，玩笑的语气，有点着急，也不是那么严重，也许，今年余额不足，明年还有一整年呢？

年少的时候，青春正好，人生的余额看着很充裕，但是这大把的青春，究竟该如何度过，才可以在日后回想起来的时候，能够没有遗憾、明明白白地说清楚：时间都去了哪里。

另一方面，现在的青年似乎又可以有底气比前人更笃定：我们的青春会更长——毕竟，对青年群体年龄段的划分，有着逐渐延长的趋势。那么，到底几岁才正青春呢？以前有朋友在过20岁生日的时候说："现在开始我就奔三了！"只是差了生日前后这一天，似乎对心理就有着强烈的暗示。一个人是否拥有青春，就是由人生中的一天来决定的吗？

一次去雪山游览，在排队等缆车的时候，看到一位满头白发的老者，背着行囊、撑着登山杖，满脸笑容地登山去。这一刻，除了佩服之外，还感受到了在岁月的长河中仍然流淌着充盈的生命。看到这位"老者"，不会联想到"迟暮""可怜"等陈词滥调，只会觉得他一定还有很长的时间可以好好地享受人生——拥有健康、勇气、自信和目标，有愿望、有能力去追求人生的美好。

如此看来，是否青春，不一定由年龄或者外界的评价来决定，而是取决于一个人的内心，是否拥有求知的欲望、奋进的热情、积极的心态，以及，对人生之美的向往与追求，这也正是青春之所以美好的原因。

现在的我们是幸运的，我们拥有前人夯实的基础，对未来也可以有更多的选择。青春正好，风光正好，我们更应该珍惜这难得的时光，去做一些有意义的事情，追寻心之所向，实践青春的价值。学习一些新的知识和技能，梳理日常工作中的新经验与新方法，设定一些小目标并努力实现，拥有感受与感恩生活之美的善意和从容。每一件小小的心意，每一点坚持不懈的努力，都可以使平凡的日子累积起弥足珍贵的愉悦、充实和收获。

窗外吹起初夏的风，飘拂着微微的凉爽和沁人的柔和，送来草木葳蕤青翠的芬芳和玫瑰初绽甜美的香气。一年中如此美好的季节，就像一生中如此美妙的青春，告别了稚嫩，珍藏着纯真，充满了活力，孕育着成熟。在青春之河明媚的波光里，以理想作帆，以努力为桨，以赤子之心唱响悠远动人的船歌，向前畅游、激荡。也许有一天，可以从容地回答时间都去了哪里。

孔佳慧

厚德以载物　青春勇担当

孔佳慧，中共党员，上海社会科学院人事处职员，管理学硕士，主要负责薪酬福利和社会保险事务。

青年强则国强，青年一代是实现中华民族伟大复兴中国梦的中坚力量。作为新时代的青年，我们担负着光荣而又艰巨的任务，正如习近平总书记对青年朋友的寄语："青年是引社会风气之先的改革力量。"

作为新时代的青年，我们自身首先需要培养高尚的品格，在外界种种浮华诱惑下始终保持高尚的道德情操，坚持不被纷纷扰扰的各种利益迷住双眼，不被消极负面情绪所渲染。以身作则，从自身实际出发，将自觉的道德养成转化成积极的道德实践；以自身的高尚品格感染与带动更多人，凝聚着全社会的道德大磁场，从而提升社会的整体道德，引领社会。一个充满着感召力的道德高地能自然形成于具有这种品格的年轻群体中，从而达到对全社会的辐射和引领作用。我们青年应该从自己做起，从小事做起，持之以恒地践行公共道德，形成良好的氛围带动更多人凝聚其中，提升整体道德。

作为一名青年学子，我很高兴能在 2017 年加入上海社会科学院，来到人事处工作。人事处的工作要求严谨细致并具备相应的专业素质。我在人事处的工作主要负责的是员工薪酬福利和社会保险事务，这两方面的工作都与每位员工的切身利益息息相关。薪酬福利方面，要求数据准确无误，这直接关系到员工的“民生福祉”，务必专业细致。而社会保险事务方面，由于业务种类繁多，每位员工的情况又各不相同，时常需要自己具体事务具体分析，一事一办。但同时这又是一个锻炼自己的好机会，通过办理不同的业务能快速提高自己专项业务能力。在完成自己的本职工作的基础上，作为年轻人，也要有自己新的想法和创新，不断提高自己的专业水准的基础上找到更适合自己的工作方式，更好地投入到自己的工作中去。

我们作为新时代的青年，不仅要在自己的岗位上发光发热，而且也要主动承担一定的社会责任。我在大学期间参加过许多志愿者活动，其中最令人印象深刻的是“太阳村”的活动。“太阳村”作为一个非政府组织，主要为服刑人员无人抚养的未成年子女进行特殊教育辅导、保护以及培训。这些得不到家庭温暖的孩子在基本生存保障和接受基础教育等方面都面临严峻的挑战，极易游走于犯罪边缘。“太阳村”使他们在一个相对安定温馨的大家庭里像其他正常家庭的孩子一样受到保护，得到教育，健康快乐地成长。这次活动令人感触颇深，我们特邀其创始人张淑琴女士来校举行讲座并将其作为系列活动，鼓励更多人参与到支教和相应的志愿者活动中来。我参加工作后，连续两年参与到上海社科院的无偿献血工作。无偿献血是非常崇高的行为，已成为衡量一个社会文明程度的标志。在组织献血活动的过程中，社科院青年们热情踊跃，用自己的实际行动展现了关心社会、关爱他人的良好精神风貌，彰显了浓厚的社会责任意识和无私奉献的良好传统。每次献血结束后，我都能用相机捕捉到拿到献血证书“小红本”的每个人脸上洋溢的灿烂笑容，这是一种帮助他人的喜悦。

作为新时代的尚社青年，我们不仅要在自己的岗位上发挥自我，为我院早日建设成中国特色社会主义新型智库奉献青春力量；同时也要倡导良好社会风气，积极参加志愿服务，主动承担社会责任；更以自己的实际行动促进社会进步，传承弘扬五四百年精神。以青春之我、奋斗之光，勇立时代潮头，争做时代先锋。

沈馨怡

贡献青春活力　永远砥砺奋斗

沈馨怡，中共党员，2018 年 7 月进入上海社会科学院人事处工作。自进入人事处工作以来学习并积累了关于薪酬福利、人才建设等多方面工作经验，在此期间协助完成了献血、新进员工培训、青年科研人员交流等工作。目前主要负责本市社科研究系列和本院内的职称评审工作。

五四运动 100 年以来，历史和现实不断向党和人民证明，青年是社会力量中最为积极、最有生气、最具创造力的力量。党和人民也愈发认可青年作为党和国家事业发展的生力军这一重要地位。习近平总书记提出："青年兴则国家兴，青年强则国家强。青年一代有理想、有本领、有担当，国家就有前途，民族就有希望"，更是展现了中国共产党对青年一代积极投身中国特色社会主义事业建设，实现中华民族伟大复兴的殷切期盼。我们，新时代的青年们，站在更高的历史起点上，面临着一系列的新机遇，这个时代也对我们提出了更高的要求。

作为一个奋斗在基层岗位的尚社青年人，在时代的召唤中，更需要从自我做起，从小事做起，立足本职岗位，奉献担当。

尚社青年，要立足本职工作，树立正确工作态度。人事工作与院内740位职工的切身利益息息相关。我们的工作有难度、有深度，这就要求我们在工作时要有准度、有精度。同时，我们要加紧树立服务意识，发挥好齿轮链条作用，让人事工作在合理合规的基础上，有温度、有热度。

在负责薪资福利工作时，我常常面对着纷繁芜杂的数据信息，而工资社保事关每一位职工的切身利益。要做到对每一位职工负责，就要在实际操作中坚持事无巨细，保证数据的精准，在过一过二再过三的核对检查后才能最终提交、送审、发放。尤其在每年集中进行批量数据调整过程中，整体工作量大而繁杂，不仅需要不变的细心与耐心，还需要及时和各个科室、研究所沟通反馈，多方联动合作才能确保整体工作的顺利推进。在负责职称评审工作时，首先要自己熟知每一项流程、规定、政策，其次才能应对各式各样的提问与疑惑。职称评审与每一位科研人员息息相关，是他们展现成果、实现自身价值的一种形式。在面对疑惑时，作为人事部门要坚持遵循基本的方针政策，为他们提供解读，帮助他们更清晰地了解政策与流程，使他们的职称申报过程能更加流畅，也为我们日后材料审核工作的顺利开展打下基础。

作为一名青年同志，刚刚进入人事工作行列，我将始终以“上接天线，下接地气”作为我的工作准则。“上接天线”即指要了解基本的国家政策、法规，以明确人事工作的红线和底线，也要了解变化的形势与动态，以明确人才工作的新规划与新预期；“下接地气”即指在工作中要切实掌握实际情况，精细到每个人的不同的具体情况，以求在实际操作中根据具体情况而随机应变，让人事工作在合理合规的同时也增添些许人情味，实现人事工作的情理兼备。同时，我将充分发挥青年同志的学习能力，不断补充理论知识，在实践中学习，在实践中反思，积累工作经验，创新工作方式方法，提高工作效率，成为一个孜孜不倦的学习者，也成为一个无所畏惧的担当者。

尚社青年，要积极投身院内各类活动，为青年队伍发展贡献青春活力。上海社会科学院注重人才队伍的建设与培养，近年来我院不断吸纳优秀青年力量，组建了一支具有生命力、创造力的青年人才队伍。同时，我院也在不断地为青年人才队伍的培养和展现卓越风采努力提供一系列的平台。例如，新进员工培训，使新进员工尽快熟悉工作环境和各岗位职责，熟悉身边的青年同事，创造互动机会，有效调动了青年人员参与活动的积极性，让青年人员感受到我院对其发展的重视与关怀；青年科研人员交流培训，以“大带小”的方式，让不同时期进入社科院的青年科研人员相聚在一起，交流成果，互相学习借鉴，进一步促进了青年科研人员的科研水平提升；青管中心联络人培训，集聚院内青春力量，为调动青年人员的积极性和创造性创造了更加轻松的平台，激发了青年人员蕴藏的“洪荒之力”。还有尚社台协、尚社飞羽、尚社飞舞等丰富的社团活动，为青年人员在努力工作的同时创造了一片放松身心、切磋技艺、交流联谊的好土壤。我院的青年大家庭不断召唤、塑造、成就着我们，我们也要学着不断感召、融入这个大家庭并为之增色。通过积极参与活动，投身队伍建设，激发青春活力，打造“尚社文化”软实力，以吸引更多的院内外青年人才加入队伍，共同为我院“双轮驱动”发展、打造国家高端智库而贡献青春力量。

作为新时代的新青年，我们要坚定初心，心怀“披荆斩棘，舍我其谁”的勇气，不犹豫、不回避，成为社科院创新发展的使命担当者。我们要秉持优良的奋斗传统，增强“四个意识”，坚定“四个自信”，立足本职岗位，立足新时代，为社科院的更好更快发展贡献青春。

束方圆

不忘初心　脚踏实地

束方圆，中共党员，上海大学社会学系硕士毕业，现任上海社会科学院社会学研究所学术秘书。

作为伴随改革开放成长起来的80后，我们是见证祖国走向世界强国的亲历者，也是未来实现中国梦的践行者。正如习近平总书记所说，“青年最富有朝气、最富有梦想，青年兴则国家兴，青年强则国家强”。我们这代青年人生逢其时，也肩负重任，既是追梦人，也是圆梦人。相比于父辈，我们的生活环境更加安定富足，社会心态更加开放包容，也拥有更加公平公正的发展机遇，可以通过不懈努力来实现人生梦想。这是属于我们的黄金时代。

奋斗是这个时代的主题。我们这代青年人其实不缺少奋斗的激情和冲劲，但是普遍缺乏面对常态化工作的坚持与韧性，容易眼高手低，好高骛远。2010年，我进入社科院工作，这也是我离开校园后第一次踏上工作岗位。一转眼，我已经在行政管理岗位工作近9年。相比于科研，行政工作较琐碎繁复，显得默默无闻，平凡无奇。在经历了一段“保鲜期”之后，初出茅庐的我也曾倦怠过、迷惘过，但是办公室前辈们甘于寂寞、爱岗奉献的精神时刻感染着我，激励着我。这些日常工作中的感动也使我认识到行政岗位“润物细无声”的重要性。作为所里的后勤保障，我们为科研工作提供更加舒适便捷的办公环境；作为信息沟通的桥梁枢纽，我们做到上情下达，联络各方，更好地提高整体工作效率。因此，像我这样奋斗在平凡岗位的青年，无论从事什么样的工作，都应认清自己的职责范围与定位，尊重自己的劳动价值，并在此基础上进一步确定努力的方向与目标。

新时代青年在实际工作中，除了明确目标、拼搏进取之外，更重要的是有强烈责任意识和脚踏实地的实干精神。在关键的时候要敢挑重担，真干实干，通力合作；在发生错误的时候要勇于承担，认真反思，积极改进。杜绝敷衍了事、相互推诿的不良作风。责任意识和实干精神是我努力做好本职工作的内在动力，让我有一种使命感去恪尽职守，认真履职。这些年来，我在学术秘书、教务秘书、外事专管和人事管理等岗位中脚踏实地，勤勤恳恳，也得到了很多锻炼机会，提升了自己的业务水平和工作能力。

习近平总书记在讲话中多次强调：“青年人要坚定理想信念，练就过硬本领，勇于创新创造，在参与创造伟大时代的同时，也创造自己的美好人生。”一代又一代的青年，在党的领导下，以蓬勃的朝气、锐意进取的精神投身到社会主义现代化建设中，逐渐成为各行各业的中流砥柱，是实现中国梦的中坚力量。我们要不断提升综合能力，抓住新时代的发展机遇，担负起建设和发展国家的重任。回望初心，我在工作中收获了满满的幸福感；展望未来，我希望能为社科院的美好明天贡献自己的绵薄之力。

韩　沁

青年奋斗新时代

韩沁，中共党员，上海社会科学院网络管理中心网络工程师，计算机科学与技术专业毕业，大学本科，中级职称。长期从事网络管理工作，对计算机网络规划、建设、运维有一定的研究和较丰富的经验。

习近平总书记说，“中国梦，更是青年一代的”。毋庸置疑，少年强则国强！面对新时代的考验，我们每一位青年怎样才能书写一份最好的答卷？

我们需要信仰的力量，指引前行的方向，成为奔跑的动力。

我们不会忘记，林则徐下令在虎门海滩当众销毁大量鸦片时的坚决；我们总记得，少年周恩来走进学堂时立志“为中华崛起而读书”的慷慨。热爱、守护这片热土，应该成为每一个青年的信仰。

也许有人说，我可能成不了科学家，我只是从事普通职业的默默无闻的人。

但是，这不意味着我们浑浑噩噩，我们依然需要信仰的力量。

当我们为国人疯抢日本马桶盖而感慨国货不自强。是否可以反思："工匠精神"应成为每一个人的职业信仰。是什么使中国石化公司的张恒珍四十多万次操作"零失误"，让她从中专生成长为全国乙烯行业的技术能手？无非是一种专注、严谨、身心并赴的工匠精神，促使她钻研生产技术，成就斐然。再看，快递员窦立国手绘的7张避堵地图。在这10年如一日的看似简单枯燥的平凡工作中，他致力于摸索出了提高工作效率的"法宝"，这不就是让人点赞的可敬的"工匠精神"吗？每一处工匠精神，点亮中国制造的光芒。

"不要作恶"应成为我们的信仰。如果我去路边摆摊，那我就不要卖地沟油小吃，不要缺斤短两；如果我将来开了工厂当了老板，那我不要偷工减料，生产一些次品。或许"扶老人被讹"曾让你心寒，但也要看到"托举哥""最美司机"们所带来的温暖。保持自己的操守跟底线，绝不随波逐流，绝不摧眉折腰，绝不失望于人性。鲁迅先生说："无穷的远方，无数的人们，都和我有关。"这个社会，因为每一个人的善良和奋斗而一点点变好。坚信"有一分热，发一分光，就令萤火一般，也可以在黑暗里发一点光，不必等候炬火"。

青年是民族的希望、是国家的未来。我们坚持的价值观有利于社会、有利于国家，便是有意义，值得为之奋斗的价值观。在我们的日常生活中，我们在父母、老师、同学潜移默化的影响中，已经能够树立一个不扭曲的、健康的对人生的看法。也许只是很窄的路上相遇，礼貌的一个侧肩后退；也许是捏着一个空瓶子走上半个小时，只是为了将其投进垃圾桶里；亦或者是随手将地上的垃圾捡起……跟老一辈的英模相比，我们没有那么多的壮烈色彩，但是，我们这一代青年人敢想敢干，诚实劳动，脚踏实地，砥砺前行。

新时代的我们需在学习与实践中不断增强工作责任感、使命感，以永不懈怠的精神状态和一往无前的奋斗姿态坚忍不拔、锲而不舍，书写自己的人生篇章。既弄懂书本上的知识，又能在实践中检验和更深层次地体会其内涵。今天，我们的国家走上了高速发展的道路，可能不再需要我们每个人牺牲小我完成大我，反而是强大的国家背后，给予了我们每个人自由选择的权利、实现自我的机会、创造价值的机会。所以正印证了那句话："过去，是人拉着国家走；现在，是国推着人前行。”

新时代、新思想、新目标、新征程，处于新时代的我们更需要为之不懈奋斗。与此同时，我们更注重培养的是大局与细节并重意识，提升自身的执行力、服务力、创新力，为这个新时代竭尽全力去奉献。

“这是最好的时代，这是最坏的时代”。坏在它让人眼花缭乱的诱惑和欲望；但是它也是最好的时代，好在它的新，好在它富有的无限可能，好在它可能激发出的无限创新力。正如党的十九大报告所阐述的那样，不忘初心，牢记使命，高举旗帜，团结奋进。

习近平总书记曾说：“每一代青年，都有自己的际遇和机缘，都要在自己所处的时代条件下，谋划人生，创造历史。”新时代的责任赋予青年，新时代的光荣也属于青年。没有一代人的青春是容易的，但是每一代人的青春都是大有可为的。少年勤学，青年担纲，中华青年，国之栋梁！

王 威

图书馆青年为社科院双轮驱动建设添砖加瓦

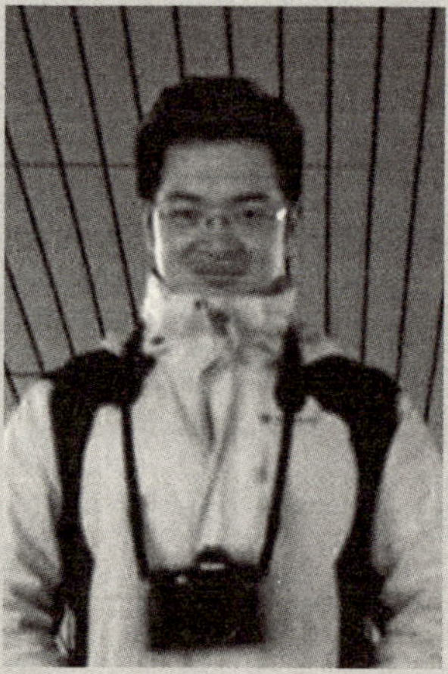

王威，中共党员，上海社会科学院图书馆助理馆员。参与编撰《〈密勒氏评论报〉总目与研究》《上海社会科学院图书馆馆藏张仲礼学术收藏目录(西文)》。

今年是中华人民共和国成立70周年、五四运动100周年、上海解放70周年。我院自成立以来，伴随祖国经历了一次又一次发展契机，把握了一次又一次改革机遇，不断地在发展中探索新路，以习近平新时代中国特色社会主义思想为引领，为构建国内一流、国际知名的社会主义新智库而努力。

为了响应我院智库建设和学科发展的双轮驱动发展战略，上海社科院图书馆各位青年同仁勤于国内国际的交流合作，不断将我馆有价值的馆藏研究出版，持续发布科研成果，努力协助我院成为哲学社会科学创新的重要基地，成为马克思主义中国化的坚强阵地，成为国内外学术交流的主要平台，成为具有国内外重要影响力的国家高端智库。

100年前，由于积贫积弱的中国在巴黎和会外交的失败，引起了国内青年们的悲伤和愤怒，一场轰轰烈烈的运动由此展开。这场运动打破了封建文化的桎梏，从此工人阶级等无产阶级的同志们成了时代的弄潮儿，推动中国这列巨大的火车滚滚前进。“五四运动”也成了旧民主主义革命和新民主主义革命的分水岭。30年后，新中国成立，则标志着新民主主义革命的基本胜利。

人生七十古来稀，而共和国的70岁，正焕发出新的光彩。70年来，中国发生了翻天覆地的变化。上海从“一年一个样，三年大变样”到“改革开放排头兵，创新发展先行者”，一直走在了时代发展的前列。为了能让上海勇立潮头，上海社会科学院也在为建设“国内一流、国际知名的社会主义新智库”而努力着。图书馆作为社科院的一个重要组成部分，必须以更高标准、更宽视野、更实举措、更大力度，坚定不移地走好发展的每一步。

在网络化大潮的背景下，我们必须坚持提升图书馆的核心竞争力，更主动地服务全院乃至来自全国各地的科研人员；我们必须加快建设数字图书馆，更好地服务于经济社会发展；我们必须要持续创新发展，为我院建设中国特色新型智库起到新的重要推动作用。

目前，我国社会主要矛盾已经转化为人民日益增长的美好生活需要和不平衡不充分的发展之间的矛盾。满足人民日益增长的美好生活需要，其中之一就是要提升人们精神生活的质量。《上海市城市总体规划(2017—2035年)》已经发布，其中明确提到：到2035年，每10万人拥有的图书馆要从现在的2座提升到4座。这一数据比例虽然是针对公共图书馆而言，但是对于我们专业图书馆来说，亦有较大的借鉴作用。我们不但要提升馆藏的数量与质量，更要把我们图书馆建设成科研人员集休闲、研讨等多功能于一体的“第三空间”。

奏响发展最强音，任重道远；挺立发展最前沿，使命在肩。让我们在以习近平同志为核心的党中央领导下，以习近平新时代中国特色社会主义思想为引领，不忘初心，牢记使命，为更美好中国的建设添砖加瓦。

祝夏娟

咱们研院人

祝夏娟，中共党员，上海社会科学院研究生院的一线普通行政管理职工。热爱学生，热爱社科院，热爱教育事业。

不觉间这已是我进入研院的第三个春天了，我曾用“从一个人人提防的财务人员到一个人人尊重的老师的华丽转身”来形容这次转型。但如今想来，并不贴切，研究生院所带给我的惊喜远不止于此。

研究生院是一个暖心的大家庭。这支由 11 位平均年龄在 38 岁左右的青年管理人员组成的队伍，承担起了全院近 800 名在校研究生的管理工作。这些学生虽说都已成年，但毕竟还没有走出社会，不够成熟，所以我们都把他们当作孩子来看。正如我们的分管院领导所说，我们不像职工只有上班时间在院里，我们是一天到晚吃、喝、拉、撒都在院里。在院里我们就要负责，所以时刻如履薄冰，时刻重责在身是我们研院人的历史使命。

我们的大家长，朱平芳老师是我们的领导，在科研领域他是享受国务院特殊津贴的专家学者，是数量经济学研究的领军人物。而在研究生院这个大家庭里，他就是一个浑身透着和气的、我们最年长的朋友。我们亲切地叫他朱老师。他曾经说："我们做的工作如果眼睛一直盯着几个钱，那是培养不出好学生的；我们要做的就是培养他们，让他们去闯天地、挣大钱。"虽然没有华丽的辞藻，但是我却读出了一位奋战在高等教育战线三十余载的人民教师，最质朴也最高尚的品质——甘为人梯。

他一年工作365天，有点工作狂的意味。他天天都很忙很忙，常常马不停蹄地赶，不是在讲课，就是在赶去讲课的路上。令人讶异的是，五十好几的人居然乐此不疲。我还发现他基本不花钱，甚至不知道百货商店开在什么地方。对精神世界的渴求、自我价值的实现和对物质生活的追求在他心里比例悬殊。

作为一名普通的教育工作者，朱老师的言传身教让我领悟到，这辈子有机会成为教育工作的一分子是何等尊荣。也许正因这种共识，咱们研院人都打心眼里信他、敬他、爱他，都自发地觉得应该照顾好他。如果中午他没时间吃饭，帮他去买个包子凑合一顿午餐，也觉得心生愧疚，没有尽到关心他的义务。

帮他买包子买得最多的是王晓丰老师，也是教育战线的一名"老黄牛"，自华师大博士毕业就一直默默耕耘在研院教务管理第一线。他言语不多，一心埋头苦干。争名夺利出风头的事情一概与他无关，嬉笑怒骂拉家常的话题他一概没有兴趣。但谁在他耳边说一句："你那个研究生教育管理系统有些地方不好用。"他立刻洗耳恭听，追着你问："哪里需要改进？有啥好的建议？"要是你的意见不切实、不中肯，他那个"倔脾气"非跟你死磕到底。

所以偶尔经过研院，听到里面传来争执声，那是太正常不过了。研院人对你好起来掏心挖肺，然而为了工作也可以跟你争个面红耳赤，但是争过、吵过完全不伤感情，依旧是肝胆相照的好兄弟。

研院的同事们年纪都差不多，都是年轻的爸爸妈妈，且男同志少，女同志多。男士都是一个顶俩的好汉，女士干起活来跟"男士"基本一视同仁，从不搞区别对待。一个萝卜几个坑,忙得四脚朝天也是常态。研究生院的事儿就是我们大家的事儿,从没有一个人计较过那个是你的事儿,这个才是我的活儿。谁忙不过来了,“帮个忙,搭把手,做掉点”基本都是属于这里的“潜规则”,都是份内事儿,甚至连“谢”字都不用提的。

这里的朝气蓬勃和大气谦和甚至有点“惯坏了”我。记忆当中,我本不是个“刺头”,老是给人提意见,动不动就给人一些良药苦口利于病的忠告。可不知几时起,我每每在组织生活听取意见或者民主生活会上大放厥词,大力开展批评和自我批评。搞得小姐妹都悄悄地来劝我要收敛、要忍住,否则开罪了别人,倒霉的可是自个儿。但是研院这个氛围,从上至下对他人合理意见的包容性和宽容度,把我的本性全部带了出来。活得本真本就是一个人最自由、最放松、最优美的状态,而今我便是这样。我大胆地提意见,别人也能够坦然地接受,只要我们都捧着一颗公心,本着为了工作好,为了研院好,只要是传递正能量就没有什么可怕的。易地而处,我也很乐意接受别人给我的意见,珍惜当面给我提意见的朋友。

在从前,研院是另一个陌生的世界,而今这个地方是有温度的,是会给我带来幸福感的地方。原谅我无法遣词造句去描摹这样一个地方,也难以用很精准的关键词去概括这群人身上体现出来的,与社会主义核心价值观融为一体的精神。只因我身在其中,事关情感,语无伦次。但请相信,每一字一句都是有感而发,发自肺腑。

上苍厚我,有缘成为一名尚社研院人,成为一名教育工作者。我为尚社自豪,以研院为傲。

研究生篇

熊务丰

论奉献精神对当代青年的垂范意义

熊务丰，中国马克思主义研究所 2017 级马克思主义中国化博士研究生

青春寄语：
以青春之我，创造青春之家庭，
青春之国家，青春之民族，
青春之人类，青春之地球，
青春之宇宙，资以乐其无涯之生。

1919 年 5 月 4 日，3 000 多名北京的大学生齐聚在天安门前，他们高喊着“外争主权　内惩国贼”的口号。举世震惊的五四运动正式拉开了帷幕。作为一次真正意义上的群众性爱国革命运动和伟大的思想解放运动，五四运动成为 20 世纪中国谋求国家独立和民族复兴的伟大起点，它确认了救亡图存的新目标，孕育了领导中国革命的新政党，开启了新民主主义阶段。

如今，100 年过去了，我们在新的历史节点上再出发，面对实现百年夙愿、前所未有的历史机遇，我们有必要驻足思考：五四精神所蕴藏着怎样的时代价值？作为新时代的中国人尤其是当代青年，肩负着怎样的历史使命？

"五四运动"的主体是青年学生，数十万的爱国青年爆发出了空前的爱国热忱，在中华民族的最危险时刻，他们担当先锋正式登上了政治舞台。毛泽东同志曾经评价道："'五四'以来，中国青年们起了什么作用呢？起了某种先锋队的作用。""什么叫做先锋队的作用？就是带头作用，就是站在革命队伍的前头。"这种作用贯穿了此后100年的革命和建设历程。千万青年志士冲锋在前，前赴后继，为人民幸福、民族复兴持续奋斗。

那么支撑一代又一代中国青年奋勇向前的精神内核是什么？是爱国主义为核心的民族精神，是敢为人先、积极进取、勇于牺牲的奉献精神。立足新时代，奉献精神对于中国青年具有不可替代的垂范意义。

一、奉献精神是五四运动以来中国青年不断前行的真实写照

"奉献"一词在《现代汉语词典》中的释义是"把实物或意见等恭敬庄严地送给集体或尊敬的人"。它强调了主体与客体两者之间的物质交换关系，表达的是主体对于客体的一种无私给予的价值选择。随着社会的发展，它的含义越来越广泛："志在增进人类幸福和改善人类生活的努力。"根据历史唯物主义和辩证唯物主义的观点，奉献精神的演变取决于物质条件的变化。在不同的历史时期和时代主题下，奉献精神的内涵、实质、表现方式也会随之发生相应的调整。五四运动作为一个伟大的历史起点，它是中国新民主主义革命的开端。在这100年的伟大革命历程之中，亿万中国人民用牺牲与奉献书写了一部气壮山河的英雄史诗。奉献精神是五四运动以来中国青年不断前行的真实写照。

革命不是请客吃饭，革命意味着流血和牺牲。五四运动的伟大功绩在于铸就了崭新的一代中国国民。中国无产阶级的觉悟和崛起，离不开五四知识青年的发动和唤醒。1939年5月4日，在纪念五四运动20周年大会上，毛泽东对五四肇始的青年运动作了理论概括和总结："全国知识青年和学生青年一定要和广大的工农群众结合在一块，和他们变成一体。"到工农群众中去，把占全国人口90%的工农大众，动员起来，组织起来，与他们一起奋斗，最终实现人民解放，民族复兴。这，就是中国青年运动的方向！青年知识分子在与工农群众的

交流和结合中得到了成长，他们开始认识到人民群众的伟力，开始自觉接受人民的教育和革命斗争的锤炼。回望100年以来的峥嵘岁月，中国青年为济世救民，不惜舍生取义，慷慨赴难。中国青年秉承着爱国主义的伟大内核，将个人前途紧紧融入国家命运之中，同频共振。五四青年演绎了最热血的青春，展现了最热血的担当。

二、奉献精神是新时代中国青年不断奋斗的价值驱动和精神支撑

奉献精神作为一种精神状态和社会意识，受到物质基础和客观环境的影响。生活在不同历史时代和不同阶层的人民所具有的奉献精神，其表现形态是不同的。我国已经进入了全面建成小康社会和中国特色社会主义发展的新时代。站在崭新的历史起点再出发，奉献精神仍然是当代青年的价值驱动和精神支撑。

我们必须正视的现实问题就是，随着社会主义市场经济的不断纵深推进，在整个社会追求经济效益，寻求物质财富增长的大环境下，当代青年的世界观、人生观和价值观受到了剧烈的冲击。个人物质财富的增长、个人社会地位的提高逐渐成为当代青年乐于追捧的人生目标。当今以90后、00后为主体的青年一代，相较父辈兄辈，生于富足年代，思想新锐，视野开阔，但因为没有经历过艰苦奋斗的岁月，缺少改革开放前后阶段的对照，往往更容易在这个“纸醉金迷”的时代中迷失了自我，满足于“小确幸”，逐渐丢失了自我的内核，丧失掉进取的精神，忘却了奋斗的目标。

每个时代都应有自己的精神支柱，尤其是处于历史变革关键的十字路口。新时代，我们应当构建怎样的价值驱动？寻求怎样的精神支撑？这一切还要从中华民族自身浴血奋斗的历史进程中寻求解答之道：

秉承五四爱国主义精神，当代中国青年应以复兴使命激发个体的使命感和担当感，自觉地将个人命运与国家命运同频共振，始终将五四运动以来中国青年所孕育的奉献精神作为自己的精神支撑和进取动力，坚定对中国特色社会主义的道路自信、理论自信、制度自信、文化自信，与人民群众一起奋斗，为实现中华民族伟大复兴而不懈奋斗。这才是五四运动最大的当代价值，也是我们对五

四运动100周年最好的纪念。

习近平总书记曾勉励青年“得其大者可以兼其小”。“小我”同“大国”本应同声相应、同气相求、同命相依。“国家不可一日无青年,青年不可一日无觉醒”,100年前如此,当今亦如此。

“知责任者,大丈夫之始也;行责任者,大丈夫之终也。”新时代的青年们,让我们谨记自己的责任和担当,不断发扬爱国主义精神和奉献精神,自觉将“小我”同“大国”同声相应、同气相求、同命相依,书写无愧于历史与时代的壮美诗篇。

严　昊

在奋勇拼搏的新时代实现青春梦想

严昊，国际问题研究所 2017 级国际关系学硕士研究生

青春寄语：

青春因努力而精彩，为了自己的目标，奋力前行。

今年是中华人民共和国成立 70 周年。习近平总书记指出："70 年砥砺奋进，我们的国家发生了天翻地覆的变化。无论是在中华民族历史上，还是在世界历史上，这都是一部感天动地的奋斗史诗。"今年也是五四运动 100 周年。4 月 20 日，习近平总书记在中共中央政治局第十四次集体学习时强调，加强对五四运动和五四精神的研究，激励广大青年为实现中华民族伟大复兴不懈奋斗。这是一个学习的时代，也是奋斗的时代。新时代，新青年。青春，应当与时代同向同行；梦想，拥抱时代才能照进现实。

我现在是上海社会科学院的一名普通研究生，回想自己之前走过的路，无不带着奋斗的印记。之前因为高考发挥不理想，并没有考取自己理想的学校。只身来到上海就读于一所高职院校。刚开始的时候，我的确有过颓废和沮丧，但是，我很快就从这种情绪中走了出来。因为我相信，事在人为，青年人没有时间自怨自艾，一次失败算不了什么，要向前看，继续努力奋斗。每天坚持关心国内外新闻，浏览大量报纸和网站，加强自己的知识积累和储备。在毕业工作后，通过自己的努力奋斗，考取了上海交通大学的本科。并通过 3 年的学习，如愿获得了本科学士学位，其间也多次获得学院的各项荣誉。随后，我调换工作进入中国平安从事销售工作，刚开始起步也是很难，经常遇到客户的刁难和拒绝。我也依然没有放弃，调整心态重新出发，也取得了一些业绩。这当中，我也没有忘记自己的学习，每天依然坚持关心新闻和阅读相关国际关系的书籍，为考研做准备。并在拿到本科学位的第一时间参加了的研究生考试。虽然最后因为英语成绩未到国家线而未通过初试，我依然没有气馁，继续努力奋斗，加强自己的英语学习。终于在第二年顺利通过初试和复试，成为上海社会科学院国际问题研究所国际关系专业的一名研究生。

我现在同时还是一名中国共产党的预备党员，回想自己的入党经历，也是无限感慨。我第一次提交入党申请书是在 2008 年，距今已经过去 11 年了。可能在当时我的条件并没有达到一名党员的标准，所以党组织并没有吸收我入党，但是我并没有气馁，继续努力奋斗，在大学期间向周边的优秀同学和入党积极分子学习，努力提高自己。之后工作期间，我也没有放弃入党的志向，每天仍然坚持收看《新闻联播》，及时准确了解党和国家的大政方针，使我对党的性质、宗旨等的理解更加深入，也更加坚定了我入党的决心。到了研究生阶段，我也是及时向党组织提交了我的第二份入党申请书，随后通过了党章和十九大报告考试，并在班级推优中顺利成为入党积极分子。在之后的培养过程中，我积极参与党支部组织的各项参观学习活动，并在平时与其他党员同学交流，向他们学习，努力提高自己，继续奋斗。在 2018 年 10 月，我们当中的 6 位同学从 12 位入党积极分子中脱颖而出，成为发展对象，接受党组织的进一步考察。在 2019 年 3 月 30 日召开的关于我们 6 位同学转为预备党员的会议上，到会的同学在听取了我们和培养人关于我们一年培养情况的汇报后,投下了他们神圣而庄严的一票。我也以全票同意顺利转为一名预备党员。当然,这对我来说是一个新的开始,今后我将更加努力,从各方面严格要求自己,继续努力奋斗,争取早日成为一名正式合格的中国共产党党员。

习近平总书记提出:"广大青年既拥有广阔发展空间,也承载着伟大时代使命。"青年的茁壮成长决定着国家和民族的未来,中华民族伟大复兴的中国梦也需要在一代又一代有志青年的接力奋斗中变为现实。作为新时代青年,我们要自觉做新时代的奋斗者,不忘初心,牢记使命。每个人都不懈努力,艰苦奋斗,争取成为有理想,有本领,有担当的社会主义好青年。增强自身社会责任感,不辱时代使命,不负人民期望,在不间断的实践与奋斗中实现人生理想。

张义凡

思想解放的前沿　社会践行的引领

——尚社青年的新时代精神

张义凡，中国马克思主义研究所 2016 级马克思主义中国化研究博士研究生

青春寄语：

青春有我，奋斗拼搏，期待我们尚社再聚首！

中国特色社会主义进入新时代，中国的国情有了极大改变，党的指导思想也有了创造性发展。与之相适应，团员青年的时代精神内涵也要随之进步。尚社青年在 1958 年上海社会科学院成立以来，就紧跟国家发展的步伐，在社会主义发展的不同阶段提出与之相适应的学术理论，并努力践行。新时代，尚社青年在坚持以往优良传统的基础上，通过大量的社会实践，逐渐为尚社青年的新时代精神赋予了新的内涵。

尚社青年新时代精神的第一个内涵是始终处于思想解放的前沿。1978年，关于真理标准问题的大讨论，其目的就是解放思想。上海社会科学院作为全国最大的地方社会科学院、上海唯一的综合性人文和社会科学研究机构，拥有大量高学历、高素质人才，云集了大量优秀青年。思想解放不仅是上海社会科学院一贯坚持的指导方针，也是尚社青年的精神坚持。在学术青年大量集中的尚社大家庭中，天然有着思想解放的氛围，同时，尚社的家长们也通过讲座、文艺活动等形式不断向我们强调思想解放的重要性。每年举行的党的最新精神学习报告会，让我们了解了最新的思想动态，文艺竞赛、知识问答强化了我们对新思想的认识和了解。尚社大家庭的共同努力使我们始终处于思想解放的前沿。

尚社青年新时代精神的第二个内涵是对新事物、新思想率先接受、率先践行，引领社会新风气。思想解放就是为了更好地指导社会实践，尚社青年在思想解放处于前沿的情况下，其社会实践自然也处于引领位置。在人们对造血干细胞捐献有诸多疑问，并且这一行为确实对身体带来一定副作用时，苏乔拓同学先后两次成功捐献造血干细胞，无私奉献社会。在对新思想的宣传上，尚社青年与中学兴趣小组相结合，利用自身优势，结合各志愿青年的特点，从不同角度帮助中学生学习、理解习近平新时代中国特色社会主义思想。同时，在尚社大家庭思想解放的氛围中，我的思想水平也得到了提升。艾滋病是一种危害性极大的传染病，尽管近年来国家大力普及其传染方面的知识，但并不能消除人们对艾滋病的心理恐惧。我的家乡在河南，河南省上蔡县文楼村是我国著名的“艾滋病村”。经过多年的防治帮扶，通过母婴感染艾滋病的儿童的教育问题逐渐凸显。精神上的强大使我克服了对艾滋病的恐惧。近两年，我多次利用假期返乡时间到收留艾滋病儿童的特殊学校帮助教学，并向亲友普及知识，带动他们共同帮助艾滋病儿童。尚社青年在勇担社会责任的践行中，有着诸多事例，在此不再一一列举。

尚社青年用自己的故事为新时代精神赋予了新的内涵，也正是在这种精神的指引下，尚社青年以坚定的信念，努力奋斗，逐步实现自己的理想。正如冰心所说：“成功的花，人们只惊艳她现时的明艳！然而当初她的芽儿，浸透了奋斗的泪泉，洒遍了牺牲的血雨。”尚社青年在奋斗的过程中，也经历过困难，遭遇过挫折。然而正是在这种精神的支撑下，尚社青年在学习、工作和生活中取得了丰硕的成果，展现了尚社青年的风采。

曹 敏

新时代，新航程

——争做尚社新青年

曹敏，应用经济研究所 2018 级产业经济学硕士研究生

青春寄语：

只有非常努力，才能看起来毫不费力。

大海滔滔，铁流滚滚。在风云万变的岁月长河中，中华人民共和国走过了 70 周年的辉煌征途。70 年浴血荣光，70 年砥砺前行。在党的坚强领导下，在习近平新时代中国特色社会主义思想的指导下，我国人民以崭新姿态阔步前行，奔向更加美好的中国梦。

2018 年 9 月，我荣幸地成为上海社会科学院的一名研究生。于我而言，这意味着新的学习征程已然开启。在开学典礼上，研究生院领导对于我们的深深教诲和殷殷期许言犹在耳，博士研究生和硕士研究生的优秀代表更是我的学习标杆。他们的发言与事迹让我铭记于心，更对未来的研究生生涯翘首以盼，作为尚社新时代的新青年，希望自己不负社科院前辈们的深深重托，更希冀填补空白的匆匆岁月。

入学伊始，抱着好奇心与学习的心态，我积极加入上海社会科学院研究生院分团委、研究生会、研究生学术社团，并担任学生助管和班级团组织委员。对于不同的身份角色，我认真执行承担的责任与义务，在一场场的活动策划中，学习进一步规范化自我行为，培养严谨的思考逻辑，脚踏实地做好手头事。但作为学生，最重要的首要任务还是学习。尽管学生工作占据我一些时间，我依然保障每天有一定的独立学习时间，保持大脑接收新知识，库存新储备，在课本学习中掌握专业知识，体会学者们对于探索社会科学知识的执着，感受大千世界经济运行的规律。同时，我积极参与院内外志愿者活动与学术论坛。2018 年 12 月，我担任尚社政策辩论赛志愿者，感受来自不同高校学子的唇枪舌剑与激昂发言；2019 年元宵节，在田林街道社区担任猜灯谜活动志愿者，真切感受老年人对于社区活动的热情以及社区对于老人生活的殷切关怀；在“一带一路”理论研讨会中深入学习学者们对于“一带一路”重大发展理念的深刻见解以及人类追求幸福生活的美好愿景；在 2018 年上海公共关系国际高峰论坛上切实学习卓越全球城市建设和上海形象国际传播，感叹上海独特的大都市魅力。通过理论与实践相结合的学习经历，我深刻认识到，作为走在新时代新航程中的尚社新青年，任重道远。所谓不经一番彻骨寒，哪来梅花扑鼻香？任何新生事物的成长，都要历经一番磨难。而作为新时代的新青年，我们更要在浩荡潮流中，弥补不足，夯实专业基础，培养综合素质，所谓大者思远，能者任钜，新时代的新生力量必要行则必达。

习近平总书记亲自察看贫困地区的脱贫情况时说：“不怕路远，哪怕一天只看一个点。”哪管山高路远，只顾风雨兼程。作为新时代尚社新青年，尽管未来的征途充满无数不确定，但只要脚踏实地走好当下的路，在新时代的征程中，在实现中华民族伟大复兴的奋斗中，保持激昂状态勇于前行，定能在他日走向世界展示尚社新青年的新风采。

马瑜浠

百年中国法治梦，青春尚社法律人

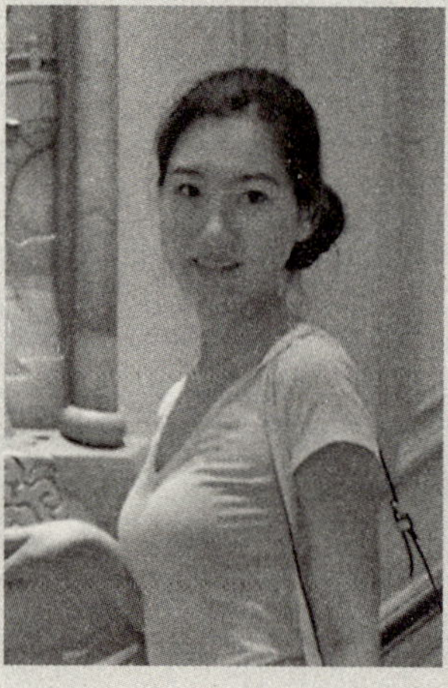

马瑜浠，法学研究所 2018 级法律史硕士研究生

青春寄语：
一万年太久，只争朝夕。

2019 年是中华人民共和国成立 70 周年，同时也是上海解放 70 周年。在党的领导下，上海日新月异。忆往昔，上海是党的诞生地、共青团的发源地，也是国歌的唱响地，红色革命在上海如火如荼，党中央在上海领导全国革命活动。独一无二的红色资源和悠久绵长的革命文化是上海城市血脉中红色基因的重要组成部分，丰富的革命旧址资源是共产党人精神家园的依托。素有“东方明珠”之称的上海，在中国近代法治事业进程中，也发挥着独特光芒。1912 年，秉承“匡扶正义，建立法治”的理念，上海律师公会正式成立。如今，在位于复兴中

路 301 号的上海律师公会旧址，我们依旧可以看到律师公会的会员证章，白底蓝花点缀，绘在其中的天平、笔及书，寓有“公平刀笔，煌煌法典”之意。这里的一砖一瓦，还有泛黄的书页，尽是前辈律师为国家民族独立、社会公平正义奔走的足迹。翻阅往事的记述，许多重大事件，都有上海律师公会的声音，更有上海律师不懈奔走的身影。上海律师公会自 1924 年起，就一直为收回会审公廨、废除外国在华司法特权而努力；1936 年，“西安事变”之后，上海律师公会出具律师函，呼吁早日成立抗日统一战线；在震惊中外的“七君子事件”中，上海公会会员律师组成律师团为七君子出庭辩护，呼喊“爱国无罪”。民族大义前，上海律师义无反顾的选择，令人钦佩。上海律师公会以及上海律师在推动上海乃至中国近代法治进程中的作用不可取代。

匡扶正义、法治先行，上海在中国法治进程中始终走在前列，无论是时间流逝还是沧桑巨变都不会使法律的光辉褪色。上海社会科学院自成立以来，坚持以马克思列宁主义、毛泽东思想、邓小平理论、“三个代表”重要思想为指导，全面贯彻落实科学发展观，在新时期积极学习推进习近平新时代中国特色社会主义思想，致力于打造国家高端智库品牌。上海社会科学院取得今天的成就，离不开老一辈社科人的默默耕耘。其中一位不得不提，上海社会科学院法学所的老领导——潘念之同志。他是中国共产党的早期党员、文化宣传工作者与社会活动家、新时期著名法学家。曾先后担任上海社会科学院法学研究所以及本市和全国一些社会团体的领导工作，并担任上海社会科学院顾问和上海市人大常委会法制委员会副主任。党的十一届三中全会以后，经过一系列的拨乱反正，法治事业百废待兴。以潘念之为代表的法学工作者们临危授命，焕发巨大的工作热情，埋头苦干，积极投身于科研、教育机构的建设。潘念之同志以党的基本路线方针为指导，紧密结合我国法制建设实践，呼吁吸取历史教训，加强社会主义民主与法制，维护我国法制的统一与尊严，重点强调推进马克思主义法学研究的现实紧迫性，为法学事业的规划与发展呕心沥血，是新时期社会主义法学领域重要开拓者，为推动上海乃至中国法制事业的进步作出卓越贡献。先辈的学术成就与可贵品质深深影响着新一代社科法律人。

学生自 2018 年进入上海社会科学院法学所进行学习，研究方向为法律史。

在不到1年的时间里,跟随导师研究中国法制历史沿革,学习传统立法智慧与精神对新时期依法治国理念的现实意义,也更加坚定作为尚社法律人为中国法治事业奋斗终身的信念。在专业学习的同时我也参与了一些专项课题,其中包括《中国传统法律文化》教材的编写、《潘念之文集》的编辑、《上海法治蓝皮书》的社科院法学所部分的编辑,以及《新时期党内法规解读》的编写。在参与课题工作的过程中,无时无刻不感受到尚社法学研究者们对法律事业的专注与奉献。以习近平新时代中国特色社会主义法治思想为旗帜,深度结合上海法制实践特色,发展法学研究的广度深度,为政府提供可靠的决策咨询,尚社法律人身兼使命,负重前行。在中华人民共和国成立70周年、上海解放70周年之际,作为尚社青春法律人,当以更热血的青春投身祖国伟大法律事业中去。“路漫漫其修远兮,吾将上下而求索。”为了新时期社会主义民主法治事业的前进,我们奋斗着,期待着。

黄韵思

追梦新时代,奋斗尚社人

黄韵思,国际问题研究所2018级国际关系学硕士研究生

青春寄语:

在“实现理想,不负尚社”的路上努力奔跑,无悔青春。

回首过往,百年前热血学子在民族危难面前发出“爱国奉献,民主科学”的时代强音;立足当下,中国共产党在迈进新时代中呼唤“求真务实,奋斗使命”的青春力量。从“站起来”到“富起来”,中国不断往前发展,而中国人民的精神内核仍旧铿锵:爱国、奋斗、有为。

每一代青年都有自己的际遇,亲身经历中国特色社会主义进入新时代是我们这代青年的幸运。青年时代是最富有理想抱负,同时亦最具有追梦力量的时代。我作为一个尚社学子,站在“两个一百年”奋斗目标的历史交汇点,置身于最繁盛和最具活力的城市——上海，更应该不负韶华，奋斗实干，积极投身到打响“上海文化”品牌的实践中，为尚社建设中国特色社会主义新型智库贡献青年力量。

理想之路，尚社起航。2018 年 9 月，怀揣着对上海社会科学院这所高端智库的向往，我踏上了新时代中属于我自己在尚社的“追梦之路”。优秀的教师、丰富的资源以及广阔的平台都让我感到作为尚社学子的幸运，而这些，我相信都将成为我在践行新时代理想，为尚社注入一丝青春力量的路途上的推动力。习近平总书记在 2018 年新年贺词中提到：“幸福都是奋斗出来的。”坚定正确理想，奋斗出幸福是我一直坚持的初心。在尚社的学习中，我认识了多位奋斗在科研工作中，日以继夜钻研、撰写科研项目的老师，而我的导师汤伟老师也正是这样，给予了我最深刻的影响。汤老师潜心研究，进行长时间的田野调查来撰写报告，分析多个世界级城市的结构体系，力图为上海的城市治理建言献策。在老师的鼓励下，我也开始了相关方向的学习和研究，课内课外踏实学习，发掘上海的城市精神文明。“上海文化”所折射出的创新发展、开放包容、多元融合的品质，正是引领我投身于青春奋斗之路实践的精神力量，促使我自觉担负起为尚社打造“新型智库”品牌的使命，并期望能为之贡献微薄力量。

理想之路，以党为旗。在新时代，新使命就是要决胜全面小康，实现中华民族伟大复兴的中国梦。而引领我们走向美好生活的旗手便是中国共产党。幸运如我，在尚社奋斗学习的日子里，我遇到了多位优秀的党员教师和同学，他们以身作则，用行动展示了党员应有的求真务实、勤学明辨和科学理想的品质，他们选择了用青春奋斗影响身边人，谱写韶华最美篇章。为将尚社建设成高端新型智库而忙碌的他们，无一不是以习近平新时代中国特色社会主义思想来充实头脑，树立正确的世界观，并以此为前行的旗帜。为了更好地肩负起新时代青年的使命，我努力学习和领悟中国共产党的思想和精神，以此来引导追梦旅程，使每一步都能走得踏实，以个人奋斗融入新时代的伟大事业中。在团支部中，我积极参与每一次的组织活动，提供力所能及的帮助；在研究生院中，我发挥所长，为研会主办的各个会议和活动作出努力；在社会实践中，我利用自己的专业知识，在大型会议中为国际友人提供志愿服务。我选择用奋斗来书写我的青春，用党的精神来引领前行的路。如今，我终于光荣地通过了党对我的第一道考验，成为一名入党积极分子。日后，我将更坚定地践行党在新时代构筑中国梦的方针路线，用自己的努力在“建设尚社，不负使命”的路上努力奔跑，无悔青春。

新时代呼唤新青年，新青年奋斗中国梦。新青年肩负着国家的希望、民族的未来，少年强则中国强，中国梦的实现有赖于一代又一代青年的奋斗。新青年肩负新使命。进入新时代以来，新青年是实现中国梦的主力军，是中华民族复兴的基石，是中国强起来的青春力量。党的十九大已为中国特色社会主义事业指明了方向，为中国新青年的终身奋斗高举了前行的旗帜。我们作为新时代的青年，应该积极响应新时代的号召，坚定理想信仰，把实现人民对美好生活的向往作为自己毕生追求。在实现中国梦的生动实践中放飞自己的青春理想，用奋斗之笔编写人生之书，用拼搏之劲实现人生之梦，用青春之光点亮人生之路。在尚社的日子里，我会以自身的奋斗，实现理想，做出成绩，争取为建设中国特色新型智库奉献青春智慧，追梦新时代，不负新期盼。

马晓萌

开阔胸襟，大步前进

马晓萌，文学研究所2018级中国现当代文学硕士研究生

青春寄语：

青春是一趟单行旅程，勇往直前，无需回头。

《孟子·尽心上》有云：“穷则独善其身，达则兼济天下。”这句话对于当代的青年学生来说，其实有更深层的意义。我们现在生活的时代已经解决了温饱问题，绝大部分人已经不再为生存苦恼。因此，我们当代青年学生，不仅要“善其身”，更要把眼光放得长远些，树立大局意识，要有开阔的胸襟和昂扬的气度，不能把自己拘于一隅，才能把握时代的脉搏，承担起自己的一份责任和使命。

开阔胸襟，意味着我们要明辨是非，抓住主要矛盾。首先必须做好自己的事，才能对自己专业领域有透彻的了解，从而扩大视野，对整个社会抱有清晰的认知。作为硕士研究生，我们的首要任务就是做好自己专业领域的学术研究，对自己的研究生生涯有明确的规划，厚积而薄发。不过从相对的层面来讲，开阔胸襟、树立长远眼光和做好自己的专业研究其实是相辅相成的。拿我自己的专业举例，我学的是中国现当代文学专业。老师多次强调，我们专业的学习不能闭门造车，要时刻和社会发展动向联系起来，读“死”书是行不通的。我相信别的专业也是一样。我们在学习的同时，必须心怀天下大事，随时关注社会动态；同时，掌握好专业领域内的知识，能帮助我们从更深层的视角来观察社会，帮助自己开阔胸襟，更好地进步。

开阔胸襟，需要我们坚定信念，保持头脑冷静清晰。上海社科院的学科主要以人文社科类为主，相比较起整日忙于实验的理工科，我们的日常安排相对自由，学习氛围也比较轻松，这就从另一个层面上对我们自身提出了要求，即学会拒绝诱惑，培养良好的自制力和自控力。如果不能拒绝身边的不良诱惑，我们很容易陷入狭小的自我封闭空间中去，不仅不利于正常的学习生活，更会对自身的生命财产安全造成极大的损害。前不久高校频发的“裸贷”事件，就是当下盛行的消费主义对青年学生裹挟的典型表现。从事件发生直到现在，各种贷款依然花样迭出，甚至还有许多“卖卵换手机”的新闻频频曝出。这就说明了当下个别青年学生目光太过短浅，完全陷入眼前物质享受而不顾以后的生活，到了这种地步谈何承担责任、报效社会呢？

开阔胸襟，并不是让我们不拘小节、不在乎身边事，而是更应该关注民生，关注身边发生的大小事。当我们走进不起眼的动物园时，是否仔细看过动物们的生活环境是否健康，饲养人员是否专业和耐心；当我们坐上地铁或公交时，是否还会给老人让座，抑或还会对让座的人投去钦佩的目光；当我们蹲下身来喂一只流浪猫，是否看到已经有人为它安置好小窝和粮盆，并放满了它爱吃的食物……我们应该学会见微知著，培养敏锐的观察能力和深刻的思考能力，并时常心怀感激。只有这样，才能使得心灵温厚，从而开阔胸襟，和世界握手言和。

作为上海社科院一名普通的硕士研究生，我时刻感激老师和同学赋予我的阳光和温暖，憧憬每一天坐在教室上课读书的日子。脚踏实地、开阔胸襟是我的目标，在以后的学习和生活当中我也将严格要求自己，在新时代中大步前进。

潘红虹

你的名字——写给我的党我的国

潘红虹，经济研究所2017级人口、资源与环境经济学博士研究生

青春寄语：
有梦为马，随处可栖。心怀远方，自由宽广。

有一个党，从一大会址和南湖画舫起航，
穿梭过枪林弹雨，用铮铮傲骨撑起民族脊梁，
经历过百年风霜，用拳拳赤子心谱写时代新章。
风摧志更坚，大山压不倒，
你的名字，叫中国共产党。

有一个国，从历史烟云和沧桑巨变中走来，
沧海有情，诉说着你的隐忍、你的宽广，
高山静默，见证着你的苦难、你的辉煌。
矢志不移，用钢铁意志重铸梦想的长城，
多难兴邦，乌云掩不住你的光芒，
你的名字，叫中华人民共和国。

命运沉浮，中流砥柱。
千帆过尽，初心不改。

如今，
你是世界上最强大的政党，
从群众路线教育实践活动到“三严三实”专题教育，
到“两学一做”学习教育常态化制度化，
到“不忘初心、牢记使命”主题教育持续深入推进。
勇于自我革命，从严管党治党，
已经成为你最鲜明的品格。

如今，
你已进入中国特色社会主义新时代，
从“五位一体”到“四个全面”，
从“两个一百年”到新的“两步走”，
从站起来、富起来到强起来，
中华民族伟大复兴已经近在眼前。

中国崛起，举世瞩目。
改革创新，开放致远。

如今，
你全面深化改革取得重大突破，
不断深化供给侧结构性改革，
着力建设现代化经济体系，
加快建设创新型国家，
社会发展活力和创新活力明显增强。

如今，
你日益走近世界舞台中央，
进博会的强音越奏越响，
“一带一路”的画卷徐徐展开，
“人类命运共同体”的愿景已经开篇，
你向世界贡献中国智慧和中国方案，
你向世界展示大国情怀和大国担当。

天下兴亡，匹夫有责。
时代召唤，青年担当。
历史的接力棒，
在青年的手中闪光。
中国梦，
在青春的热血里流淌。
曾经，你筚路蓝缕开盛世，
而今，我青春热血酬壮志，
未来，我们共赴新征程，共谱新华章。

光阴的洪流，滚滚向前，
大浪淘沙，铅华洗尽，
你的名字，终被铭记，
你的梦想，终将绽放。

陆　帅

“平凡中的不平凡”

——读《平凡的世界》及纪念五四运动 100 周年有感

陆帅，信息研究所 2017 级科学社会主义与国际共产主义运动硕士研究生

青春寄语：

光阴可惜，譬诸逝水，当博览机要，以济功业。

什么是人生？人生就是永不休止的奋斗！只有选定了目标并在奋斗中感到自己的努力没有虚掷，这样的生活才是充实的，精神也会永远年轻！

初读《平凡的世界》，就被书中描写的纯真质朴的人物所打动，被发生在黄土高原上的故事所吸引，被路遥先生刻画的生生不息的奋斗精神所感染。

人生的路很长，前进中有平川也有高山，有缓流也有险滩，有丽日也有风雨。面对前进路上的高山、险滩和风雨，我们需要树立正确的人生观、价值观和世界观，正如《平凡的世界》描述的关于理想、关于奋斗的不懈坚持。从南湖“红船”出发到党的十九大召开，岁月周而复始，我们迎来了一个最好的时代，而奋斗和理想赋予了这个时代特殊的意义，时光大好，舞台广阔，我们这一代年轻人，既要有脚踏实地的奋斗精神，也要饱含仰望星空的浪漫诗情。

要在现实中追求理想。人生所诠释的广阔意义，不在于我们实际得到了什么，关键是我们的心灵是否充实。不管你是初出茅庐刚入行，还是奋斗多年已涉世，在现实生活中，在追求事业上，有理想则心间敞亮皎洁如月，没有理想则心中茫然不知所谓。所以，年轻人要将理想融入事业，只有把自己的人生理想融入国家事业的伟大洪流中，勇做走在时代前面的奋进者、开拓者、奉献者，才能最终成就一番事业，成为国家的有用之才、栋梁之才。

要在困难中不懈奋斗。生活时常考验我们，周围的社会环境和工作环境会对我们情感、思想产生一定的困扰和束缚，让我们觉得生活充满困难，但是人处在一种默默奋斗的状态时，思想就会从生活的琐碎中得到升华，正如习近平总书记曾勉励我们：幸福都是奋斗出来的。奋斗者是精神最为富足的人，也是最懂得幸福、最享受幸福的人，所以面对人生偶有的困扰和束缚，我们要用不屈不挠、毫不妥协的奋斗精神去克服、去战胜。这种积极昂扬的奋斗精神能够让我们保持对生命的激情，对生活的热情，对未来的无限期待。

要在平凡中创造未来。“我为中国人民迸发出来的创造伟力喝彩！”在新年贺词中，习近平总书记曾回顾我国重大发展成就，为辛勤耕耘的人民点赞，向平凡而伟大的人民致敬。人民之所以“平凡”，是因为大多数人都是普通人，如奋战脱贫一线的乡镇干部、耕耘三尺讲台的人民教师、奔走烈日风雨中的工人同志，这些平凡的人用点滴奉献汇聚力量、创造未来。人民之所以“伟大”，是因为他们在自己的岗位勤勤恳恳地工作、踏踏实实地付出，托举了这个伟大的新时代，为国家发展提供了源源不竭的前进动力。无数普通人的芳华，汇成了新时代的精彩。哪怕是静静绽放在荒山野地里的一朵花，仍然可以创造出一个属于它的不平凡的世界！

周沁哲

我们能为国家做些什么

周沁哲，应用经济研究所 2016 级金融学硕士研究生

青春寄语：

愿出走半生，归来仍少年。

美国前总统肯尼迪说："不要问国家能给你什么，而要问你能为国家做些什么！"这句话激励了无数美国青年。而我们作为当代青年，同样也应该认真思考这个问题，我们能为国家做些什么？

近代以来，我国青年不懈追求美好梦想，始终与振兴中华的历史进程紧密相连。在革命战争年代，广大青年满怀革命理想，为争取民族独立、人民解放冲锋陷阵、抛洒热血。在社会主义革命和建设时期，广大青年响应党的号召，向困难进军，向荒原进军，保卫祖国，建设祖国，在新中国的广阔天地忘我劳动、艰苦创业。在改革开放时期，广大青年发出“团结起来、振兴中华”的时代强音，为祖国繁荣富强开拓奋进、锐意创新。现在，我们比历史上任何时期都更接近实现中华民族伟大复兴的目标，比历史上任何时期都更有信心、更有能力实现这个目标。我们这一代高校学生的人生黄金时期，同“两个一百年”奋斗目标的实现完全吻合。能亲自参与这个伟大历史进程，实现几代中国人的夙愿，实乃人生之大幸。行百里者半九十。距离实现中华民族伟大复兴的目标越近，我们广大青年越不能懈怠，越要加倍努力为之奋斗。

“一个人的作用，对于革命事业来说，就如一架机器上的一颗螺丝钉。机器由许许多多的螺丝钉的联接和固定，才成了一个坚实的整体，才能够运转自如，发挥巨大的工作能力。螺丝钉虽小，其作用是不可估量的。我愿永远做一颗螺丝钉。”雷锋的这种螺丝钉精神，其实就是踏踏实实做好平凡的工作。对于我们90后而言，工作的选择可以千差万别，不喜欢了可以“秒辞”，未必非得几十年如一日干同一份工作。但在选择的自由中，“干一行，爱一行，专一行”却依然是成就事业的基础。新经济时代，产生新的业态和职业岗位，工作的方式和内容与雷锋时代大不相同。但是，无论是雷锋，还是今天的网络精英，不管是传统工业中的大国工匠，还是财富风口的创业达人，他们的特质都是一样的，那就是对自己所从事职业的尊重、热爱、钻研，把工作做到完美、极致。没有爱岗敬业的精神，缺乏职业责任感，无法满足社会的需求，又谈何“自我设计”“自我价值”“自我实现”？

57年前的雷锋，也是个20多岁的“有为青年”，他深深认识到，“不经风雨长不成大树，不受百炼难以成钢。迎着困难前进，这也是我们革命青年成长的必经之路。有理想有出息的青年人必定是乐于吃苦的人。”正是凭借着这种坚韧不拔的吃苦精神，新中国踏上艰难而辉煌的建设历程，创造了举世无双的“中国奇迹”。今天，我们所处的社会环境，已经与雷锋时代截然不同。经济的发展，带来物质生活的富足；改革开放，让中国成为世界第二大经济体。我们不再是当年的一穷二白，正从“富起来”日益迈向“强起来”。尽管外部环境有巨大的改变，中国梦的实现，却自始至终离不开艰苦奋斗。我们作为生活富裕、价值多元中长大的青年，不再面对贫穷的物质环境。但是，新的历史环境下，我们所要承担的责任、使命和压力，一点也不少。没有不付出的获得，也没有唾手可得的成功，不管是个人梦想的实现，还是民族复兴的伟大历程，都离不开一代又一代人的艰苦奋斗。

1939 年 5 月，毛泽东在延安庆贺模范青年大会上说："中国的青年运动有很好的革命传统，这个传统就是永久奋斗。我们共产党是继承这个传统的，现在传下来了，以后更要继续传下去。"为实现中华民族伟大复兴的中国梦而奋斗，是我们人生难得的际遇。每个青年都应该珍惜这个伟大时代，做新时代的奋斗者。"强国一代"重任在肩。我们的自我实现、自我成长必须在奉献他人、服务社会、不负时代的责任与抱负中方能成行。只有将自己奔跑的脚步放进人民前行的努力中，才能与时代同呼吸、共命运，才能与人民、社会、国家和全民族同频共振；只有将自己翱翔的翅膀伸展在社会进步的进程中，放飞梦想的步伐才能铿锵有力，脚下之路才能越走越宽，人生境界才能越来越高；只有将个人努力融入社会发展、国家进步、民族振兴中，才能在实现大目标的同时，成就个人梦想。

彭冬宁

做新时代之尚社人

彭冬宁，宗教研究所2016级宗教学硕士研究生

青春寄语：

何谓青春，熊熊之火。逝者如斯，奔流不息。花会再开，青春不再。青春易老，勿负光阴。

2019年是全面建设小康社会关键之年，是实现我国长期目标的关键之年。党的十九大以来，广大共产党人不忘初心，牢记使命，高举中国特色社会主义伟大旗帜，决胜全面建成小康社会，夺取新时代中国特色社会主义伟大胜利，为实现中华民族伟大复兴的中国梦不懈奋斗。作为新时代中国特色社会主义的一分子，我们应主动学习近平总书记系列重要讲话精神，深入贯彻落实党的领导人提出的相关政策方针。思想上主动与党组织靠拢，保持思想上的纯洁性；行动上，树立“四个意识”，坚定“四个自信”，坚决做到“两个维护”，积极投入“上海文化”品牌建设中来，奏响新时代最强音。

上海所处之长江中下游，是中国乃至世界经济、文化的主要集中地之一；上海文化代表之“海派文化”，乃中西合璧之典范。在此其中，派生了诸如石库门等特色的居住民俗文化，炸猪排等特色的饮食民俗文化等，上海之文化由始至终均有外来文化之痕迹。此外，上海文化亦包含了中国境内其他文化，如广府文化、四川文化、少数民族文化、宗教文化，等等。海纳百川，有容乃大，这是上海文化贯穿始终的一条主线，是上海海派文化与他质文化最主要之区别，亦是上海文化最主要之特色。

进入新时代后，作为上海这座城市的建设者，同时亦是当代研究生，我们应该深入学习习近平总书记关于建设社会主义的相关论述，主动投入到建设新时代上海之中来。上海有着中国最丰富的文化土壤。作为当代的研究生，我们要认识到自己的不足，同时，也要认识到自己的优点，以活泼、活跃之思想面对纷繁复杂的现实社会。

我们是当代青年。当代青年思想活跃、思维敏捷、观念新颖、兴趣广泛，探索未知劲头足，接受新生事物快，主体意识、参与意识强，对实现人生发展有着强烈愿望。作为新时代的青年人，我们要积极参与国家建设，积极把自己的活力用于建设中国特色社会主义。同时，我们青年人阅历不广，容易从自身角度、从理想角度去把握理解现实。我们要把青年人的激情、动力投入到中国特色社会主义建设中，同时，又要勇于承担责任，勇于接受别人的观点，即使是听到了尖锐的评论甚至是偏颇的批评，都要有则改之，无则加勉。我们处于人生的起步阶段，对学习、工作、生活各方面都需要年长者的建议。这就需要我们擅于倾听年长者以及同龄人的观点，倾听不同意见者的不同观念。只有这样，我们才能更好地做好本职工作、服务祖国。

上海的建设需要我们青年人，祖国的建设需要我们青年人。我们青年人如同八九点的太阳，朝气蓬勃。我们应该勇于拼搏，勇于奉献，为建设中国特色社会主义奉献出自己的力量。

马笑萍

奋斗——新时代青年永恒的追求

马笑萍，城市与人口发展研究所 2017 级人口学硕士研究生

青春寄语：
愿为我信仰，倾我一世风华。

习近平总书记指出："现在，我们比历史上任何时期都更接近实现中华民族伟大复兴的目标，比历史上任何时期都更有信心、更有能力实现这个目标。行百里者半九十。距离实现中华民族伟大复兴的目标越近，我们越不能懈怠，越要加倍努力，越要动员广大青年为之奋斗。"

100 年前，一群热血青年在北京挺身而出，发起了一场浩大的爱国运动，开启了新民主主义革命，振奋人心。98 年前，一群身怀理想的年轻人在上海石库门秘密集合，召开了一个紧急会议，成立了中国共产党，开天辟地。

任何一个时代，青年，都是最富有朝气和创造力的群体，是一个国家的中流砥柱。青年是未来，也是现在。新时代，是属于青年的时代，更是属于奋斗者的时代，青年人的幸福都是靠奋斗实现的。“有梦想，有机会，有奋斗，一切美好的东西都能够创造出来。”作为成长在强国时代的青年一群，当以奋斗为永恒的追求，唯有在奋斗中前行，才能将理想和蓝图变为现实。

奋斗是新时代社会发展的“主旋律”，那么什么是奋斗？当代青年怎样做才是合格的奋斗者呢？奋斗，是为了实现某一目标而努力，不断追求，不断进取。奋斗者一定是有理想、有信念的人；奋斗者一定是不辞劳苦、尽心尽责的人；奋斗者一定是不畏艰难、笑迎挑战的人；奋斗者一定是不安于现状、勇于超越自我的人。“艰苦奋斗不仅仅是指身体上的艰苦奋斗，还有思想上的艰苦奋斗，即勤于动脑。”奋斗不应是大而空的口号，更应是每天践行的准则。

一个时代有一个时代的主题，一代人有一代人的使命。青春不息，奋斗不止。新时代的青年要坚持自己的信仰，把自己的个人奋斗融入实现“两个一百年”奋斗目标、实现中华民族伟大复兴的中国梦之中；要继承前辈的优良传统，勇于担当起时代的责任和使命；在新时代中做奋斗者、当实干家，让青春在努力与拼搏中绽放最美的光芒。

或许，逐梦中的青年会遭遇诸多的挫折与磨难，经历苦闷和迷茫，不知未来何去何从。但是，要知道，没有一代人的青春是容易的，一帆风顺的事情是不可能的。只有在苦难的磨练中，才能蜕变成长，方知珍惜！路虽远，行则将至；事虽难，做则必成。

梁启超先生说：“天戴其苍，地履其黄，纵有千古，横有八荒，前途似海，来日方长。美哉我少年中国，与天不老；壮哉我中国少年，与国无疆。”青年人的肩上不仅承载着家庭的希望，更承载着国家的命运。我们要有青年人的担当，扛起自己的责任，潜志笃行、奋发向上，为夺取新时代中国特色社会主义伟大胜利不懈奋斗，做新时代不畏艰辛的新青年，成为民族的脊梁！

史　聪

勇挑时代重担，接力祖国建设

史聪，法学研究所2017级经济法学硕士研究生

青春寄语：

路在脚下，心在远方；心之所向，素履以往。

一百年之前，中华大地一片萧瑟，内有军阀割据混战，民生岌岌可危，外有国权受辱，各方虎视眈眈。面对内忧外患，勇敢的中国人民纷纷奋起反抗，虽几经挫折，却也找到了救国之路。而这其中，青年学生扮演了重要的角色，他们不是军人，却有着堪比军人的勇气和担当；他们不是政府官员，却有着堪比政府官员的真知远见。只因为他们是爱国者，秉持纯粹的爱国情怀，心怀满目疮痍的华夏大地。一百年前的五四运动，是由青年学生主导的，而他们不仅仅是在思想领域引领潮流，更是身体力行地参与到革命实践中去，他们不畏强权、不怕牺牲，因为他们始终坚定不移地要与祖国同呼吸共命运。而事实上，他们也做到了。五四运动之后，中国的革命进入了新民主主义革命时期，一个充满希望的新阶段。

一百年之前的青年学生用他们的实际行动，将中国革命指引到了一个新的方向；一百年之后的青年学生，亦不甘示弱。新中国成立至今已历经 70 个年头，泱泱大国已不再是昔日贫穷落后之状，中国人民不仅站起来了，也富起来了。他们正在向着中华民族伟大复兴的中国梦进发。一百年之前的青年学生勇敢的挑起了拯救民族危亡的重担，而一百年之后的青年学生亦承袭了复兴民族大业的使命。中国特色社会主义建设的事业仍然任重而道远，青年学生深刻认识到这一国情，前赴后继深入到基层建设当中去。例如，青年学生深入基层调研、青年学生到山区支教、青年学生到农村担任村官、青年学生参与西部计划等。虽然知道条件艰苦，但他们不曾退缩，因为他们深知作为青年学生所身负的重任，而他们也会全力以赴，尽自己所学所能，为基层建设贡献力量。我的大学同学之中就有到西藏工作的，他们之中，甚至有一位学姐为了去西藏而放弃了原本已经签约的心仪工作。后来，在学院的毕业典礼上，这位学姐作为优秀学生代表作了发言。她说放弃那份心仪的工作并不可惜，因为青年人有青年人的使命和担当。西部建设需要我们青年人，扎根基层更是对青年人的锻炼。她还鼓励我们到祖国最需要的地方去。

中国特色的社会主义建设是全方位、多层次的，涉及各行各业。为了将来更好投入各行各业当中去，我们青年学生必须勇于承担起祖国建设的重任。在强化专业基础的同时，更加坚定自己的政治立场，明确自己所承担的时代使命，主动承担政治责任，自觉抵制不良诱惑，将自己的个人理想与祖国的建设结合起来，以最好的状态来承接中国特色社会主义建设的接力棒，以最饱满的精神来完成属于自己的任务，也能够将承载着累累硕果的接力棒传递到下一代祖国建设者的手中。

陈鹏宇

聚焦思想政治引领主业，体现尚社团干部的政治性

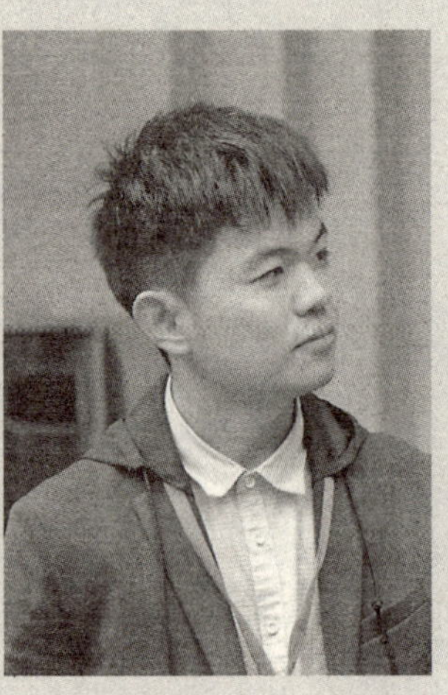

陈鹏宇，世界经济研究所 2017 级金融学硕士研究生

青春寄语：

忧劳足以兴国，逸豫足以亡身。

2015 年 7 月，党中央召开了党的群团工作会议。会议指出一些群团组织不同程度存在“机关化、行政化、贵族化、娱乐化”倾向，必须要着力解决脱离群众的问题，至此轰轰烈烈的共青团改革拉开序幕。本次改革明确了旗帜鲜明地讲政治是共青团任何时期、任何阶段都不改变的使命担当。共青团应该聚焦青年思想政治引领的主要任务，切实保持和增强政治性、先进性、群众性。

共青团改革让广大尚社团干部清醒地认识到，尚社每个班级团支部不是一

个同学自发联合形成的社会性组织，更不是一个青年娱乐活动俱乐部，而是一个严肃又活泼的政治组织。团支部的第一位属性是政治属性，团支部的根本任务就是在支部团员中广泛传播党的思想和主张，用理想信念和党的科学理论武装团员青年，让支部团员听党话，跟党走，对党忠诚，把支部团员最广泛最紧密地团结在党的周围。

习近平总书记指出，团的所有工作，归结到一点，就是要当好党的助手和后备军。我作为尚社的一名团支部书记，要带领各位委员以这一政治属性为工作的根本出发点，围绕这一政治属性展开各项工作。我们各个团支部在开展各项活动时，要坚决杜绝形式主义，不能为了举办活动而活动，更不能单纯搞娱乐活动，而是应该以该活动有没有体现出团支部的政治属性，有没有促进团员对党的思想和理论深入理解，有没有把支部团员最广泛最紧密地团结在党的周围，作为衡量活动意义的根本标准，作为判断团支部党的助手和后备军发挥程度的根本标准。

2018 年是上海社会科学院建院 60 周年。我院近年来大力实施双轮驱动发展战略，不断发挥新时代科研机构和国家智库的重要作用。今年是中华人民共和国成立 70 周年、五四运动 100 周年。站在这一重要历史节点上，结合尚社实际，我们广大尚社团干部应该怎样更好地体现政治性，我有以下几点建议：

一、提高政治素养，用先进性体现政治性

尚社团干部作为广大尚社团员中的“关键少数”，应该切实起到模范带头作用。团干部应该自己要熟悉党史、团史，要深入理解党的基本理论和思想，不断学习党的最新施政方针和理论成果，只有你自己深入了解，才能正确而有效地向广大团员传播党的思想，进而发挥团支部政治属性。我们身边有很多相关理论书籍可供我们学习，如《毛泽东选集》《习近平谈治国理政》《习近平新时代中国特色社会主义理论三十讲》《新时代团员教育工作手册》等。

二、密切联系团员，用群众性体现政治性

尚社团支部的发展离不开每位团员的支持，要固本兴团，就要紧紧依靠团

员，竭诚服务团员。尚社团干部要大兴调查研究之风，与广大团员打成一片，深入团员中了解他们的需求和所思所想，把团员的利益始终放在心上。一项活动开不开展既要看是否紧跟党的要求，又要考虑团员是否需要。活动组织要请团员一起参与，各类推优评比要让团员评议，并运用团员喜闻乐见的方式。团支部通过急团员之所急，解团员之所需，提高团支部的吸引力和影响力，使得更多团员愿意听从团支部的领导和号召，从而更好地发挥团支部政治属性。

三、坚持亲历亲为的工作方法，起到模范带头作用

广大尚社团干部特别是各团支部书记开展工作时不能高高在上，只做象征意义的指导，要真正扑下身子带头干；主要活动亲手抓，亲自干；重要事项亲自过问。用自己务实的工作作风来感染广大团员加入你的行列。此外，广大团干部更应该做好一个学生的本职。无论是课业还是科研工作，都应该努力做到最好，要不断加强自己的专业知识学习，跟随导师做好各项科研工作，各方面都应努力走在前列。只有这样，才能增强自己的公信力，更好地做好青年思想政治引领工作。

四、紧跟时代脚步，建立团员思想培训常态化机制

广大尚社团干部应该与党中央保持一致，时刻关注党的最新理论动态和成果，有重大新的理论成果应该及时召开团员培训会给予传播和讲解。同时应该将团员思想培训与支部每月例行团日活动紧密结合起来，建立团员思想培训常态化机制，做到每月至少进行 1 次团员思想培训活动。可以分成若干小组，让小组轮流组织每次例行培训活动，这样做到让每位团员有参与感，有思想获得感，让团员自我主动地增强思想政治意识，进而体现团支部的政治性。

作为尚社的一名团干部，我将用习近平新时代中国特色社会主义思想武装头脑，指导实践，开展工作，坚持政治立团，充分发挥团支部的政治属性，用先进性、群众性做法体现政治性，坚定理想信念，服务广大团员，无愧于时代，展现尚社青年昂扬奋斗的青春气质。

邢　政

从“侮辱国歌罪”入刑谈爱国主义

邢政，法学研究所2017级刑法学硕士研究生

青春寄语：
最黑的夜，才能看见最美的光。

中华人民共和国国歌，生动展示了中华民族百折不挠、坚强不屈的红色精神，具有强烈的爱国主义色彩，在增强公民国家观念，培养社会主义核心价值观上发挥着巨大的作用。

《中华人民共和国宪法》第141条明确规定：《义勇军进行曲》是我国国歌。国歌选自电影《风云儿女》的主题曲，由田汉作词、聂耳作曲，无论在国家生死存亡的危难关头，还是现阶段中华民族伟大复兴的关键时刻，激励着中国人民顽强不屈的坚强意志，抒发了中华儿女的爱国情感。

众所周知，国歌与人们的日常生活息息相关。根据《中华人民共和国国歌法》相关规定，国事活动、大型会议、体育赛事等重要场合都需要奏唱国歌。自从笔者步入小学，记忆最深刻的就是每周一早晨的国旗下讲话。随着国歌伴奏声起，整个操场便传来最朝气蓬勃的声音，同学间互相竞赛，比谁可以用更响亮的嗓音表达更浓烈的爱国情怀。即使个别搞嬉戏或调逗别人小动作的调皮学生，一旦遭遇班主任严厉的目光或者同学的鄙夷的目光，立马也会收敛不当的举止。如今出了校园，社会上不良风气没有了约束，再加上立法的空白，逐渐聚集形成一定程度的负能量，导致篡改、侮辱国歌等行为频发。值得注意的是，近年来随着互联网的普及，网络中开始出现一种倾向，即有人故意篡改国歌的歌词和曲谱，以歪曲、贬损方式奏唱国歌等，贬损英雄烈士和民族英雄、贬低爱国主义精神、否定爱国主义情感，制造出与正能量相反的异文化从而借机炒作自己，通过博取观众眼球从而获取热度。[①] 在这些人眼中，国歌成了赚取利益的工具，爱国主义成了嘲笑的对象。殊不知，类似的行为产生了极其恶劣的社会影响，不仅极大地损害了国歌的神圣与庄严，还伤害了国民的爱国感情，引发了全国人民的极大愤慨。正因为此，2017 年 11 月 4 日，第十二届全国人民代表大会常务委员会第三十次会议通过《刑法修正案(十)》，在第二百九十九条侮辱国旗、国徽罪的规定中增加一款，对侮辱国歌行为并造成严重社会影响的行为规定了相应的刑事责任。

可见，国歌作为我国《宪法》所规定的国家标志之一，与国旗、国徽一样，是国家的象征，绝对不容侵犯，任何侮辱国家标志的行为，损害民族感情的行为都应当受到法律的惩治。[②] 作为新时代的爱国青年，我们更应当更好地传承百年前的五四精神，在党的带领下坚守爱国主义阵地，养成青年爱国主义精神，驱逐社会不良之风气，坚决打击破坏民族团结、国家统一的行为，让爱国精神永放红

---

① 2018 年 10 月 7 日晚，涉事人杨某莉在其住宅内进行网络直播时，演唱国歌并擅自更改了歌词和音调，被上海市公安局静安分局依法处以行政拘留 5 日。

② 梅传强、严磊：《侮辱国歌罪的立法解释与司法适用》，《常州大学学报》2019 年 9 月第 5 期。

色之光。

我相信,新时代的红色青年必将凝聚在爱国主义这面旗帜下奋勇前进,这是任何讽刺挖苦都阻挡不了的。在法律的护航下,国歌一定会更加嘹亮![1]

① 《从“侮辱国歌罪”被列入刑法谈爱国主义》,《人民日报》2017 年 11 月 9 日。

谭若愚

我们的一天

谭若愚,城市与人口发展研究所 2017 级人口学硕士研究生

青春寄语:
心怀期待,脚踏实地。

时间:7 点 30 分

新的一天,在闹钟响起之前早已轻跃,打卡单词、洗漱收拾,清爽地走出宿舍去食堂吃早餐,食堂备好了包子、鸡蛋、小米粥,还有那么多可选的种类,为每一个早起的学子供给着活力的能量包。学子们蓬勃朝气,开始今天的征程,不管是学校教室、实习单位,还是课题调查点……新的一天美妙展开。

时间:9 点 30 分

课堂的钟声响起,时间正好,老师已经打开了授课 PPT,学子们也做好了课前的预习和讨论。载着知识的课堂美得像音乐会，老师如同指挥家，耐心解释时的低音、澎湃飞扬时的高音、忧思悯怀时的手落、畅想未来时的手起，一方教室里飞扬的、旋转的、漂浮的、波动的都是令人激动的知识，雀跃着学子期待的脸庞。

时间：13 点整

坐上准点的班车，从中山西路到淮海中路。除了去总部办理事务，总部还有着精彩的讲座和大部分专业的导师办公室。小小的校车里载着学子们书包里的论文、课题报告、学习生活思考…… 载着学子们的小小紧张、期待、激动。在这短短的 30 分钟车程里，连接着学子汇报沟通的积极和导师谆谆教导的殷切。

时间：14 点 10 分

办公室里的绿植又亮了几分，坐在导师身旁，开始和导师交流着近段时间的思想、学习、生活的状态。师者如父，导师总是能温和地排解学子的困惑，积极地引导学子不断地反思和调整自身的步调。在思想上，导师是明灯，总能给学子指引正确方向的安定感；在学习中，导师是园丁，总能给学子中肯有益的修剪；在生活中，导师是朋友，总能给学子温暖关爱的支持。

时间：15 点 30 分

课题调研开始了，将专业知识融合到现实调研中，对于学子而言是极具价值的。通过课题调研，接触不同高校的老师学生、政府部门的各类人员、企业方，在课题的研究框架下去接触实践，深入社会，探究一个研究课题是怎么在社会现状中呈现出来，并形成一个重要的研究课题。思考如何在专业视角和社会实践的结合下，去发现社会问题，去解决社会问题。

时间：18 点 30 分

自习室里有很多熟悉的面孔，有同学备战雅思，有同学研读专业书籍，有同学准备公务员考试，有同学拿着电脑做数据分析，有同学撰写着论文报告……每一个同学都在为自身的规划和人生梦想踏实努力着。自习室里有键盘敲击声、书页翻动声，偶尔有椅子移开的声音，淡淡的咖啡香和茶香，氤氲着。自习室里显得格外安静美好。

时间：23 点 10 分

做好今天的课业复习，整理好外出调研的材料数据，洗漱完毕，躺在床上开始自我的反思对话。一天又将过去，时间走得很急。这普通的一天，我有过，你有过，他也有过。我们都是在中山西路 1610 号为了梦想拼搏着的年轻人，每一天都是新的、热的、值得期待的、值得好好珍惜的，我们奋斗着的平凡一天。

邵孟浩

切磋砥砺　振衣起行

——用青春活力，演绎无悔人生

邵孟浩，世界经济研究所2018级国际政治硕士研究生

青春寄语：

陈言而伏，静而正之；切磋砥砺，振衣起行！

去年此时，我们或是还在大学忙碌着毕业论文答辩，赶着一场又一场的离别之宴；或是在职场中摸爬滚打、跌跌撞撞，但心意已决；抑或是全身心享受备考一年、尘埃落定之时的喜悦。但无论彼时我们在做些什么，忙些什么，此时此刻，我们都有一个共同的身份——“尚社人”。未来，“尚社人”的身份也会烙刻在我们身上，伴随终生。

怀揣着踌躇的心，迈着坚定的步子，进入研究生的殿堂，开启了研究生生涯。在开学伊始的点名大会上，研究生院老师根据各个研究所及专业的异同，将大家分成为 4 个班级。我和同专业的另外一名同学有幸分到了经济一班，于是，我们二人也成为经济一班中“唯二”不学经济的同学。

在班级班委选举中，我有幸成为班委班子中的一员，作为经济一班团支部书记，为支部团员服务。虽然在大学有过相关的经历，但在全新的环境中，面对大家专业各异、课程各异的问题，还是有新的挑战。面对新的环境，如何增强支部同学凝聚力，促进不同专业同学相互交流、学习，提高广大青年团员活力，是我们支委的工作重点及方向。

在 2018—2019 学年上学期，我们支部顺利进行了研究生第一次团内推荐优秀团员加入中国共产党的投票大会。投票推荐 8 名同学作为积极分子候选人。在下学期春季开学后，在清明节到来之际，我支部与 2018 级 3 班团支部一道，赴崇明烈士纪念馆，学习先烈英雄事迹，重温红色革命精神，极大地提高了青年团员的爱国热情与奋斗激情，增强了尚社青年研究生的历史使命感与责任感。在 2019 年 4 月，我支部在院团委老师的指导下，与博士团支部一道，承办了上海社科院博士讲师团院内支部巡讲的讲座。博士讲师团秉持“经世致用倍受益，传播理论馈社会”的理念，很好地契合了研究生的学业发展需要，并为社会发展提供智力支持。在这次讲座活动中，支部同学们反响强烈，纷纷加入博士讲师团的宣讲队伍中去。

举办活动并非一帆风顺，由于对活动流程的不了解，在承办活动的过程中走了很多弯路，支委成员想过放弃，犹豫过、徘徊过，但是最终都坚持了下来。活动虽非尽善尽美，但只要能为同学发展提供帮助，能促进同学间的交流学习，再苦再累也都是值得的。

在下一阶段，我们支部将立足于一班特色及学生专业发展定位，通过开展“研究生职业学业规划交流会”“期末考试冲刺互助会”“暑期实习交流会”等多种形式，积极贯彻团的改革精神，提高青年研究生学术水平，着力提高青年学生的思想道德素质及素养，更好地为社会发展服务，为人民服务。

群之所为事无不成，众之所举业无不胜。我们相信，在研究生团委的带领下，立足于支部学生发展需求，我们一定能够将支部打造得更加美好，更好地为研究生服务。

刘子恒

青春，奋斗正当时

刘子恒，世界经济研究所2018级金融学硕士研究生

青春寄语：
愈思愈精，越书越简。

青春是百年前对帝国主义和封建主义毫不妥协抗争的爱国运动；青春是70年前为争取民族独立与人民解放的不懈奋斗；青春是新时代下实现伟大中国梦征程的接力。

2018年9月，我们开始作为上海社会科学院2018级硕士生第二党支部的成员。在组织里，我们感受到了“既是家，更是战斗堡垒”这句话的深刻内涵。这不仅让我们产生了对组织的归属和认同感，更是在其中通过学习树立了新时代的价值观，即青春就是用来奋斗的。习近平总书记强调，青年的价值取向决定了未来整个社会的价值取向，而青年又处在价值观形成和确立的时期，抓好这一时期的价值观养成十分重要。好比扣扣子，人生的扣子从一开始就要扣好。青年就应该作为奋斗者，我们要树立远大的志向，更要脚踏实地，从现实出发，坚持理论与实际相结合去探索学习。

在尚社优秀的研究员身上，我们深刻地感受到了他们求真务实、博而好学的品质。理想的实现离不开刻苦的学习，目标的成功离不开坚实的本领。学习应当作为一种生活的方式，更应作为精神的追求与责任。当今世界局势瞬息万变，作为新时代的青年，应当树立更加现代化、全球化、未来化的认知观，强化学习新知识的紧迫感与必要感。学习就是要追求真知识与真学问，在当前知识碎片化和快餐化的时代下不能简单被动接受，要深刻反思提炼其中的规律，丰富学识而提高掌握的技能，不断提高与时代发展和事业要求相适应的素质和能力。

习近平总书记指出："青年兴则国家兴，青年强则国家强，青年一代有理想、有本领、有担当，国家就有前途，民族就有希望。"因此，新时代号召广大的青年要锤炼自身的本领，努力奋斗，才能在未来无比广阔的舞台上实现自身与社会的理想，中华民族伟大复兴的中国梦才能在一代又一代青年的青春奋斗中变为现实。作为新时代的青年研究生，我们应该将自己美好的青春时光投入到打磨自身本领的过程中，不仅要作为党组织内的积极者，更要做达标的社会建设者和接班人。将来我们会从事不同的工作，走上我们也许未曾设想的岗位，但始终不变的是我们都要砥砺前行，不懈奋斗。

我们值此回首历史，不仅有感百年前中国青年处于中华文明最为黑暗的时刻开始重新寻找救赎国家与民族的出路，而且重思年轻的中国共产党率领广大的中国人民历经 28 年艰苦奋斗才争取的民族解放。因此，作为新时代的青年，我们是何其幸运地见证了这段波澜壮阔的百年，同时前所未有地深感我们所应当肩负的历史使命，即立志为实现中华民族伟大复兴的中国梦而奋斗，珍惜青春岁月并奋发有为，永远做一个走在时代前面的奋斗者、开拓者、奉献者。

周　晖

青年当奋斗才有意义

周晖，应用经济研究所 2018 级产业经济学硕士研究生

青春寄语：

天将降大任于斯人也，必先苦其心志，劳其筋骨，饿其体肤，空乏其身，行拂乱其所为，所以动心忍性，增益其所不能。

古希腊哲学家普鲁塔克说："衡量人生的标准是看其是否有意义，而不是有多长。"作为新一代的尚社青年，我们正处于最佳奋斗的新时代。这个时代是我们青年体现人生意义的时代，是我们能够有所作为的时代。

中华人民共和国成立 70 周年，改革开放四十余年，我们的祖国发展日新月异。而今处在新的发展节点，国家发展的新阶段，正需要我们正值人生之华的青年添砖加瓦，为新时代的建设贡献自己的一份力量。这个时代将由我们来描绘，新时代发展的画卷中将留下我们浓墨淡彩的一笔。

青年之文明,奋斗之文明也。与境遇奋斗,与时代奋斗,与经验奋斗。故青年者,人生之王,人生之春,人生之华也。正如李大钊所说,我们青年处在的正是人生的黄金时期。这时候的我们应该奋斗,这是青年之文明的最佳彰显方式。跟随着时代发展的潮流找到自己的位置,努力为之拼搏,也是实现我们人生价值的最佳途径。反之,倘若甘于平庸,碌碌无为,只求享乐,不仅将错失时代发展大趋势带来的前进机会,也将在社会自由化的竞争中如逆水行舟,不进则退。因此,我们青年应当奋斗,才能使人生更加丰富,在奋斗的喜悦中塑造个人价值与社会价值。

诸葛亮说:"志当存高远,士贵立志,志不立则无成。"青年的奋斗,首先应怀有远大的志向。远大的志向能为奋斗带来持续的动力,这是苏轼所言"立大业者"必应具有"坚韧不拔之志"的前提。没有高远之志,自己容易对自己放松要求,"坚韧不拔之志"也容易被逐渐消磨。再者青年应当不忘初心,牢记使命,将个人理想与社会理想相结合,树牢"四个意识",坚定"四个自信",坚决做到"两个维护"。树立远大理想的同时从基本岗位职责做起,并非好高骛远,眼高手低,而是胸怀理想,同时脚踏实地。不积跬步无以至千里,不积小流无以成江海。我们每一个人在不断积累成长的同时,以奋斗前进的姿态,积极做好职责所在的每一件事,如同一艘大船上每一个零部件的协同配合,在党中央这个"船长"的带领下前行远航。

在这个能够有所作为的新时代,在我们正当人生之华的青年时期,我们应当奋斗,不断开拓,不断前行,奏响青春建功的强音。加快推进我院国家高端智库建设,积极投身打造"上海文化"品牌,为把我国建设成为富强、民主、文明、和谐、美丽的社会主义现代化国家不断努力,贡献青春力量!

赵悦含

敢为时代先

——携责任与担当，葆创新之精神

赵悦含，政治与公共管理研究所 2018 级政治学理论硕士研究生

青春寄语：

做喜欢的事做到极致，做喜欢的自己做到最好。

党的十九大报告指出：当下我们已进入中国特色社会主义新时代，是全面建成小康社会的决胜阶段，我们要不忘初心，牢记使命，为夺取新时代中国特色社会主义伟大胜利，为实现中华民族伟大复兴的中国梦不懈奋斗。在新时代背景下作为学生青年的我们要敢为时代先，敢于承担民族富强之时代重任，以创新之精神为时代先行去探索中国未来发展的道路。

1919 年，学生青年为追求真理与正义，追求科学与民主，争取民族团结与统一，发起了极具爱国主义精神的五四运动。五四精神鼓舞着一代代青年人为实现中华民族伟大复兴而奋斗终身。凉山森林火灾牺牲的30名英雄用自己的生命换取了社会的安定，换取了他人的安全。任何时代都需要英雄主义。在战争年代，上战场、走长征、为民族统一与独立而死重于泰山。在和平年代，为维护和平和稳定，为人民利益而死亦重于泰山。五四运动之爱国主义民族精神和凉山火灾之英雄主义是对责任与担当的最好诠释。作为学生青年的我们在思想上应时刻拥有强烈的民族意识和爱国主义精神，在行动上应时刻担负起建设祖国和富强祖国的重担。

时代发展与社会进步的根本动力在于创新，创新是前进源源不断的动力，是前进路上的发动机，是前进的内在应有之意。在新时代下我们承担责任与使命的同时更要带着创新的精神投身于祖国伟大复兴事业的建设中去。

作为政治学理论专业的一名硕士研究生，我时刻提醒自己对国家发展、社会进步要敢于承担自己的责任，时刻不忘责任感和使命感。同时，我也要求自己要在自己的学术专业领域葆有创新之精神，为祖国的繁荣富强、社会的和谐发展注入属于自己的一份活力！我努力加深理论基础，同时结合实践研究，做到在实践中反思理论，并在进一步推进理论创新的过程中致力于弥合理论与实践的断层，富有开创精神地探索如何将理论研究更好地用于实践，从而更好地为现实服务。党的十九大报告提出了八个“明确”，其中一个是对国家治理的论述：“明确全面深化改革总目标是完善和发展中国特色社会主义制度、推进国家治理体系和治理能力现代化。”新时代下，国家治理的确是我国现代化进程中的关键一环。推进国家治理体系和治理能力现代化的内在要求是社会建设，而社会建设又需要以国家治理作为制度性保障，这是新时代下国家治理的新要求新挑战。我们青年现在怎么样，祖国未来就怎么样。每一个尚社青年都应行动起来，以青春之我，创造青春之中国！

刘　波

吾辈青年，勿负吾国吾民

刘波，应用经济研究所 2018 级产业经济学博士研究生

青春寄语：
既然选择了远方，便只顾风雨兼程。

2019 年 3 月 30 日，一场发生在祖国西南四川的火灾，牵动了亿万中国人的心。举国上下都在为 30 个失联的英雄祈祷，希望奇迹能发生，哪怕只有万分之一的机会。然而，奇迹没有发生，魔鬼降临了人间，而英雄将永被铭记。30 位救火英雄中，有两位还是 00 后，24 位是 90 后，都正处于大好青春时。在危难来临之际，选择将生命盛开在烈火中，将肉体融入这片神州大地，将浩然之气留于天地之间，其榜样的力量将激励一代代大好青年，“苟利国家生死以，岂因祸福避趋之”。

将时间轴拨回100年前，北京街头一群稚气未脱的青年学生，带着满腔热血，为国家的命运前途奔跑着，怒吼着。青年们一把火烧掉了赵家楼，一把火也烧掉了中国的懦弱和自卑。这把从北京燃烧的怒火，迅速在神州大地蔓延开来，点燃整个华夏儿女的不屈精神，唤醒中华民族的斗志，撑起炎黄子孙的脊梁。万千青年将手中的笔换成保家卫国的武器，战斗于大街小巷，战斗于高山平原，战斗于沙漠戈壁，直到外敌投降，或是生命静止。没有无数青年不畏牺牲的战斗，哪有五星红旗的迎风飘扬，哪有共和国的歌声永恒嘹亮。

这两把火在燃烧不同时代，但都与一个群体有关——那就是青年。前后100年之间，这个群体都在做着同一件事——保卫这片爱得深沉的土地不受伤害，即使付出生命也在所不惜。翻开历史长河的书页，每当民族处于危难存亡之际，每当国家国破山河之时，每当祖国需要时刻，都会有千千万万青年站出来振臂高呼，前赴后继，他们将个人利益看作尘土，将个人生死置之度外。每当民族荣耀辉煌时，每当华夏凯旋之歌奏响时，每当炎黄子孙倍感骄傲时，背后都会有无数青年默默的奉献，不辞辛苦的努力。民族的命运和国家的前途与青年的奋斗紧密地联系在一起，我国从一穷二白到大国崛起的过程，正是一部青年奋斗的英雄史诗，一首青年奉献的勇士赞歌。

支撑广大青年不懈奋斗的，正是铭刻在每个中国人骨髓里的“五四”精神。这种忧国忧民、热爱祖国、积极创新、探索科学的“五四”青年精神，一代一代地流传着，即使岁月延绵也毫无半点褪色。正是这种精神，造就了一代代自立自强、坚韧不拔、充满信仰和奋发图强的中国青年。即使身处和平年代的今天，大好青年奋斗的身影也无处不在，他们处在不同的岗位，分布在祖国的天南地北，为了美好的明天，为了崇高的理想，为了中华民族的伟大复兴，都在奋斗着，努力着，充满着希望，洋溢着自信，怀抱着梦想。

一百多年前，梁启超先生面对积贫积弱的中国，在变法失败后，高呼：“少年强则国强”。而有一天，少年终归成长为青年，那么青年强则国也强，青年智则国也智，青年富则国也富。1949年新中国成立，向世界宣布我们站起来了，再也不是那个任人宰割的半殖民地国家。1978年改革开放，吹响了国家发展的号角，历经几代人的努力，我们创造了世界发展的奇迹。同样作为青年，不用再像先辈遭受列强的恣意欺辱，也不用去担心受冷挨饿。但幸福的日子并不是不需要我们继承先辈优良传统。在安逸的生活中，吾辈青年更应谨记先辈遗志，切勿好逸恶劳，应当继续艰苦奋斗。奋斗在当下，奋斗在未来，不负青春年华，不负家国天下。

毛主席曾对青年人说过，“世界是你们的，也是我们的，但归根结底是你们的。你们青年人朝气蓬勃，正在兴旺时期，好像早晨八九点钟的太阳，希望寄托在你们身上。”但吾辈应当明白，早晨八九点的太阳不努力突破地平线，不竭尽全力驱散阴霾，是不会出现朝阳灿烂的。同理，青年人不积极向上，不奋发图强，世界也不会是我们的，世界始终是属于奋斗的青年的。

今天，我们有幸生于一个和平富强的国家，但是，和平并不是天上掉下来的，富强也不是大风刮来的，而是无数先辈用鲜血去争取的。这个世界并不和平，而是我们生于一个和平的国家，战火离我们并不远。今天，在中东、非洲等地区，有太多国家人民仍在遭受战乱，仍在忍受饥饿，仍有家难回四处漂泊。中国的近代史时刻警醒着我们，落后就要挨打，不富强只能为人鱼肉。故当下的状态并不允许我们去懈怠，去安乐享受。我们应该明白，我国仍然处于社会主义初级阶段，还有很长的路要走，并且这条路并不平坦，虽然前程一路繁花盛开，但也一路铺满荆棘。革命尚未成功，广大青年还需努力，努力去绽放青春，努力去实现自我价值，努力去实现理想，努力去学会奉献。

我们不难看到，千千万万华夏青年时刻都在努力着，无论身处于何处，都在致力于做好自己的事。青年学生挑灯苦读，尽可能去积累知识。青年科研工作者呕心沥血研究，去完成国家的科研创新，是他们让我们实现探索太空的梦想，去了解深海世界。青年教师始终奉献在第一线，是他们把知识播撒在大山间。青年军人不惧孤独与困难，默默地守卫着海洋与边疆。正是这千千万万奋斗着的青年，宛如浩瀚宇宙中点点星光，看似微弱，却构成了我们祖国的星空璀璨。

我们民族是大有希望的，我们的国家前程似锦，因为，我们有最可爱、最努力、最有梦想的一批年轻人。他们在祖国实现伟大复兴的道路上奋斗着，他们有不畏艰难困苦的勇气，有永远怀揣理想的信仰，有始终保持爱国奉献的精神。正如李大钊先生所说：“青年之字典，无‘困难’之字，青年之口头，无‘障碍’之语；惟知跃进，惟知雄飞，惟知本其自由之精神，奇僻之思想，锐敏之直觉，活泼之生命，以创造环境，征服历史。”而我国青年正是这样一群有着征服历史雄心的青年。有广大如此青年，吾国吾民必大有作为，他日定会“大鹏一日同风起，扶摇直上九万里”。

王朝霞

燃烧青春,奋斗新时代

王朝霞,信息研究所2018级情报学硕士研究生

青春寄语:

昨日不可追,今日须臾期。奋斗不可灭,莫负平生志。

青春是春日嫩草,是清晨阳光,是雨后彩虹,是朝气蓬勃的我们。2019年正逢中华人民共和国成立70周年、五四运动100周年、上海解放70周年之际,青春奋斗正当时,不负青春好韶华。

党的十九大开启了新时代中国特色社会主义伟大征程,描绘出实现中华民族伟大复兴"中国梦"的蓝图。林伯渠曾言:"青年是人生的骄傲,也是时代未来的希望。"作为站在新时代新起点的青年人,我们不仅要有理想,有本领,有担当,更要燃烧青春,接力奋斗;我们既要在坚定共产主义理想和中国特色社会主义信念基础上保持清醒的头脑、坚持正确方向，又要不忘初心、牢记使命、敢于担当。

100 年前，面对丧权辱国、山河破碎的危急时刻，五四先进知识青年们用自己的青春点燃星星点点希望的灯，照亮中国前行蜿蜒曲折的道路。“为世界进文明，为人类造幸福，以青年之我，创造青春之家庭，青春之国家，青春之民族，青春之人类，青春之地球，青春之宇宙，资以乐其无涯之生”。李大钊身体力行诠释“青春”伟业。封存在滚滚历史长河中的五四运动留下了永不磨灭的五四精神。作为新时代的上海社会科学院的研究生们，我们将继续践行五四精神，把自身理想抱负与国家、社会、尚社发展进步融合为一，把点燃朝气的青春奉献于接续奋斗的新时代。

新中国成立后，上海解放使经济发展、社会环境、科技进步、文化繁荣等方面电照风行。70 年来，在党中央、国务院的正确领导下，一代代上海人奉献青春力量，在上海发展中自强不息、拼搏奋进，打造出一个又一个堪称中国第一的成果。正是有前赴后继的青年一代无私奉献才铸就如今国际化、商业化的大都市——上海。作为上海社会科学院的一分子，我应无怨无悔地致力于在推动中国发展、上海发展中，扛起青春旗帜，迈出坚毅步伐。燃烧青春，奋斗新时代。

党的十九大报告中指出，人才是实现民族振兴、赢得国际竞争主动的战略资源。“致天下之治者在人才”，人才竞争已经成为综合国力竞争的核心。“引天下英才而聚之，聚天下英才而用之”，坚定实施人才强国战略，奋力建设新时代中国特色社会主义事业。研究生是我国人才储备核心骨干力量，尤其青年研究生给予了新时代中国特色社会主义青春活力，是实现中华民族伟大复兴新征程奋斗的中坚力量。作为青年研究生的我们，站在新时代历史新起点上，在日常学习与科研中，要坚守诚信底线，强化自律意识，做勇于创新、敢于发问的新青年。此外，严格遵守学术规范、恪守学术道德，抵制学术道路上的不良诱惑，并坚持不懈向老共产党员学习，保持共产党员和合格共青团团员优秀品格。

探索知识和追求真理的过程并不是一帆风顺的，荆棘坎坷意味着我们需要付出一定的汗水与泪水，需要坚持不懈的奋斗，磨炼我们的意志，燃烧我们的青春，从而最终收获成功的喜悦。在踏过荆棘坎坷路途中，一些青年研究生可能会放弃;一些可能试图采取抄袭、造假等不端方法走捷径。这两类青年研究生前者终其一生可能碌碌无为,一事无成;后者目光短浅,不计后果,只顾眼前蝇头小利,却未曾想事发后葬送自己,甚至波及他人。青春路上只有耐得住寂寞,才能守得住繁华。不忘初心,方得始终。作为上海社会科学院研究生院的一名学子,我们肩负着尚社今后发展的新使命,要坚持做到知行合一,有所为有所不为。遇到困难或诱惑时,只有依靠自身坚定理想与信念克服困难,排除杂念,才可能成为一名合格的新时代尚社学子、一名合格的新时代新青年。

目前,我们恰逢一个充满自信、充满力量的新时代,它为青年学子们燃烧青春搭建了舞台。作为燃烧青春、奋斗新时代的参与者,我们应树牢“四个意识”、坚定“四个自信”、坚决做到“两个维护”,不忘初心,牢记使命。积极投身于“上海文化”品牌建设实践,推动上海社会科学院新型智库建设,坚持把个人利益与国家利益相结合,把个人理想追求自觉融入国家和民族事业发展中。牢牢把握时代脉搏,用青年青春星星之火,造就新时代燎原之势,托起中国未来更好的发展。

王格非

不忘初心方得始终,牢记使命玉汝于成

王格非,政治与公共管理研究所 2017 级政治学理论硕士研究生

青春寄语:
以青年之我,创建青春之国家,
青春之民族,资以乐无涯之生。

2019 年既是中华人民共和国成立 70 周年,也是实现全面建成小康社会奋斗目标的关键之年。党中央不忘为中国人民谋幸福的初心,时刻牢记全心全意为人民服务的宗旨。习近平总书记指出,人民对美好生活的向往,就是我们的奋斗目标。坚持以人民为中心的发展思想,要团结带领全党全国各族人民,解放思想,坚持改革开放,不断解放和发展社会生产力,努力解决群众的生产生活困难,坚定不移走共同富裕的道路,使得人民群众的获得感、幸福感不断增强。不忘初心,牢记使命,是为了更好地为人民谋幸福。

党中央不忘为中华民族谋复兴的使命，时刻牢记“两个一百年”的奋斗目标。正如习近平总书记所说：“面向未来，面对挑战，全党同志一定要不忘初心、继续前进。”所以党的十九大刚刚闭幕，习近平总书记就率领政治局全体常委，来到中国共产党梦想起航的地方——中共一大会址和嘉兴南湖红船，回首峥嵘岁月，重温入党誓词，号召全党同志不忘初心，牢记使命，永远奋斗。98 年前，正是从这里，中国共产党迈出了伟大征程的第一步。而今迈步从头越，时代变迁，精神长存。中华民族伟大复兴的火炬薪火相传，只有不忘初心，牢记使命，才能够实现全面建成小康社会的目标，兑现党对于人民的庄严承诺。

就我个人而言，作为一名尚社学子和支部书记，不忘初心就是不能忘记忠于党和人民的誓言，牢记使命就是牢记党章党规和学校规章制度对自己的要求。“对党忠诚，积极工作。”是我 18 岁时面对党旗所作出的庄严宣誓和承诺，也是党章中对于党员最基本的要求。在日常的学习、生活及工作中，坚定理想信念，牢记入党初心，努力学习专业知识，为国家、为人民作出自己的贡献，努力做到“知中国，服务中国”，在学习工作中实现自我的社会价值。坚持贯彻落实党的十九大报告的精神，始终同党中央保持一致，牢固树立政治意识、大局意识、核心意识、看齐意识，用实际行动来诠释对党、对人民、对国家的忠诚。不忘初心方得始终，牢记使命玉汝于成。

不忘初心要不忘爱国之心，牢记为中华之崛起而读书的使命。作为一名在校的学生党员，我要时刻牢记周总理的教导：为中华之崛起而读书。应当志存高远，将国家命运与个人奋斗联系在一起，努力学习专业知识，报效国家，奉献社会同时实现自己的个人价值。目前，中国正处在关键的历史节点，全面建成小康社会和中华民族伟大复兴的历史任务仍然艰巨。作为一名中共党员，我们应该抱定“天下兴亡，匹夫有责”的观念，在实现“两个一百年”奋斗目标的过程中，贡献自己的力量。

不忘初心要不忘为民之心，牢记全心全意为人民服务的宗旨。我作为田林街道的一名兼职副书记，组织开展了学雷锋、讲党课等一系列社区工作，努力做到对街道社区有认同感，对居民工作有责任感，对工作成果有荣誉感。真正融入居委会的工作中去，脚踏实地为居民服务，积极为人民排忧解难。同时培养自己的责任意识和集体意识，为以后走向工作岗位、服务社会打下坚实基础。作为共产党员，要学习老一辈革命家艰苦朴素、一心为民的崇高品质。在日常的学习生活中，真正地发挥党员的先锋模范作用。红色基因代代传，老一辈革命家将艰苦奋斗、一心为民的火炬交到我们这代人手中，我们不能辜负期望。在完善自身、提高党性修养的同时，也要将这种精神传递下去，照亮更多的人。

作为尚社青年和学生干部，不忘初心要不忘进取之心，牢记自己的责任与担当。“干部就要有担当，有多大担当才能干多大事业，尽多大责任才会有多大成就。”在实际工作中，部分党员同志会出现畏难怕事的情绪，对待工作的情绪比较消极。不作为、懒作为的现象也时常可见。作为干部，必须要时刻牢记自己肩负的责任，努力工作，积极作为，保持进取之心，才能不负老师的信任和同学的认可，不负竞选时许下的诺言。在工作中，勇于担当、敢于担当、善于担当，把工作落到实处。

回首过去是为了在新的起点再出发，再启航。“不忘初心，牢记使命”是为了让我们党更好地从历史经验中汲取营养，保持前进的方向，适应新形势的发展。我们现在正处于中国特色社会主义新时代，时代要求我们有新作为、新成就。每一个共产党员都要行动起来，永不停止奋斗的步伐，才能跟上时代的发展，才能保证我们党的政治性、时代性、原则性、战斗性，充分发挥领导核心的作用。

裴文乾

青年，新时代的奋斗者

裴文乾，经济研究所 2017 级人口资源与环境经济学硕士研究生

青春寄语：

用最少的悔恨面对过去，用最少的浪费面对现在，用最多的梦想面对未来。

这是一个多变的时代。作为 90 后的一员，我在儿时经历了改革开放后的突飞猛进，在中学时经历了中国加入 WTO 后的变革，经历了北京举办奥运会的骄傲自豪。现在，中国特色社会主义进入了新时代，已成长为青年的我，不禁为自己能赶上中国最关键的时代而感到热血沸腾。

习近平总书记指出，当今世界正面临着百年未有之大变局。对中国来说，这也是百年未有之大机遇和大挑战。随着我们改革开放的不断深化，中国将面临越来越激烈的竞争，各国之间的博弈也变得前所未有的胶着。新的时代需要新的精神，在这样的背景下，我们不仅需要继承老一辈共产主义者艰苦奋斗、自立自强的精神，还要发扬工匠精神和创新精神，努力把自己打造成坚不可摧的开路者，尽己所能为祖国开创一片美好的未来。

作为尚社的一名研究生，一位致力于学术的青年团员，我认为尤其需要发扬工匠精神和创新精神。工匠精神是一种职业精神，它适用于任何领域，对搞学术的青年人也一样。作为一名经济学专业的研究生，我认为必须要踏踏实实地熟读经典理论，夯实自己的学术基础，同时博览群书，才能建起辉煌的学术大厦。缺少了工匠精神，学术研究就会浮于表面，缺乏深刻内涵，从而不能为国家和社会所用。而如果一个学者的学术研究失去了深刻性和开创性，就必然会被新时代遗弃。当然，对于新时代的青年来说，只有工匠精神还远远不够。担负民族复兴光荣使命的我们，在这个百年一遇的新时代，必须要勇于开拓和创新。工匠精神帮助我们盖起了学术的大厦，创新精神则会帮助我们将大厦化为前进的堡垒，开拓新的领域和未来。

然而新时代也意味着新的挑战，在我们观察和研究这个波谲云诡的世界之时，就会发现自己正身处于前路未知的十字路口，我们没有经验去借鉴，亦没有完美的计划来应对一切。我们要发扬的创新精神绝不能只是求新那么简单。在过去，创新精神只需要我们去创造出新的东西来就够了；而现在，创新精神却要求我们要肩负起复兴中华民族的重任，踏出新的步伐。这步伐既要沉稳，又要能带领人民披荆斩棘、走出迷雾。因此新时代的创新精神，我想赋予其“责任”的内涵。作为一名心向学术的青年团员，我要为肩上的责任去创新，为能成为后人攀登的基石而去创新！

在革命先烈和一代代共产主义者的艰苦奋斗之下，我们有了现在强盛的祖国。作为一名在新时代奋斗的青年团员，我们要继承前辈们的辉煌基业，奋发图强，自力更生，大干苦干。习近平总书记指出：“青年一代有理想、有本领、有担当，国家就有前途，民族就有希望。”我们要争当新时代的优秀青年，将国家命运和个人命运紧密地结合在一起，为中华民族伟大复兴而努力，为中国特色社会主义贡献出一份应有的力量！

刘　驰

尚社青年心向党，接力奋斗新时代

刘驰，经济研究所2017级政治经济学硕士研究生

青春寄语：

好好学习，天天向上。

2019年是中华人民共和国成立70周年、上海解放70周年，同时也是五四运动100周年。习近平总书记强调，100年前爆发的五四运动，是一场以先进青年知识分子为先锋、广大人民群众参加的彻底反帝反封建的伟大爱国革命运动。当代中国青年运动的主题是为实现中华民族伟大复兴的中国梦而奋斗，当代青年必须把个人理想融入民族复兴伟大理想和中国特色社会主义思想。习近平新时代中国特色社会主义思想为当代青年的接力奋斗指明了正确方向，提供了基本遵循。

1939年5月30日，毛泽东同志在延安庆贺模范青年大会上讲到："中国的青年运动有很好的革命传统，这个传统就是'永久奋斗'。"党的十九大报告指出："青年兴则国家兴，青年强则国家强。青年一代有理想、有本领、有担当，国家就有前途，民族就有希望。中国梦是历史的、现实的，也是未来的；是我们这一代的，更是青年一代的。中华民族伟大复兴的中国梦终将在一代代青年的接力奋斗中变为现实。"这不仅是对当代青年的谆谆教诲，而且也是明确了青年一代是国家建设的中坚力量，是民族复兴的希望所在，肩负着光荣使命和重大责任。青年要把树立远大理想和脚踏实地统一起来，努力在各行各业发挥生力军和突击队作用。梦想从学习开始，奋斗从实践起步。

作为尚社青年学生，我们要有求真学问、练真本领的决心。要把学习作为一种时代责任、一种精神追求、一种生活方式，在干中学、学中干，保持奋发有为的精气神，增强做事创业的责任心，做知行合一的实干家。

作为尚社青年学生，我们要有自强不息、艰苦奋斗的精神。任何美好的理想，都不会唾手可得，都需要经过不懈努力。追求理想的本质是一个长期与困难做斗争的过程，要敢闯敢干，时刻坚持在奋斗中释放青春激情、追逐青春理想。立足本职、埋头苦干，从自身做起，从点滴做起，用勤劳的双手、一流的业绩成就属于自己的人生精彩。

作为尚社青年学生，我们要有建设中国特色社会主义新型智库的责任担当。国家高端智库的核心竞争力在人才，青年人才是国家高端智库建设的关键，是智库持续发展能力和创新能力的重要来源。我们青年人要把学习热情和科学态度结合起来，始终脚踏实地、埋头苦干，敢于探索、敢于质疑、敢于创新，做先进思想的倡导着、开拓者、引领者，做一名锐意进取的青年学术骨干。

上海社会科学院的诞生得益于新中国成立后国家和上海市的经济社会发展的需要，上海社会科学院的发展主要在于老一辈科研工作者的努力。新时代，当有新梦想；新青年，当有新作为。作为青年一代的我们应该成为社会主义建设者和接班人，紧跟时代、奉献时代，敢于有梦，勇于追梦，勤于圆梦。为实现中国梦贡献自己的力量，为建设新时代高端智库贡献自己的智慧，不辱时代使命，不负社会期望。

杜尔功

新时代，新青年的奋斗目标

杜尔功，应用经济研究所 2016 级产业经济学博士研究生

青春寄语：

希望未来的日子里，自己依旧勤恳、自制、自知。

伟大的孙中山先生曾对新青年有这样的期待“要立志做大事，不要立志做大官。”这表达了一代伟人对当代新青年的一种期望，也是我们当代新青年在奋斗向上时应谨记的信条。

随着科技的发展，新时代下社会生活的各个方面全面进步，人民群众的生活质量有大幅度的提高，生活环境明显改善。改革开创了一个新的时代，几十年过去了，我们每个人都感受着时代进步的气息。21 世纪，我国的各个方面的新发展，造就了具有鲜明时代特征的一代新青年。

40 年来,青年的奋斗实践始终与改革开放紧密相连,关系到祖国的发展繁荣。我们当代的新青年是改革开放最大的受益群体,切身地感受到了我国在党和政府的带领下,我国社会各个方面的飞速进步,所以我们更应该成为改革开放道路的坚决拥护者。应树立适应新时代新环境的人生目标,将实现个人人生价值的“小我”与实现祖国复兴的“大我”紧密相连。

目标是人生的方向。没有目标的人生平淡无奇,也没有明确的意义。在新时代,我们新青年要志在缔造波澜壮阔的人生,为祖国的繁荣复兴作出贡献,为社会的不断发展增添力量。心中谨记“先成大我,后成小我”,做一名合格的新青年和一名符合标准的青年党员。

目标是人生的动力。伟人心中有志向,凡人心中有愿望。一个人想要成就自己的伟大,首先要做到的就是树立远大的目标。有了志向,就会有前进的动力;有了动力,就会时刻有所准备。机会总会垂青那些时刻准备而奋斗的人;成功总是垂青那些心有大志并不甘平凡的人。作为新时代的新青年,我们应树立符合正确价值取向的人生目标,并不断奋斗。

目标是人生的殿堂。最恰当的目标并不是对个人最有价值的,而是对整个社会贡献最大的。要铭记只有国家发展了,社会进步了,个人的价值才会得到最优的实现。同时,我们要根据自身的条件和社会发展的规律,树立通过计划、学习和奋斗能够达到的目标,不要讲空话和大话。杜绝虚无缥缈的目标,杜绝空中楼阁的目标。做事不贪大、为人不计小,从点滴做起,从基层做起,脚踏实地,一步步为了人生目标扎实奋斗。

金　阳

做新时代的尚社青年

金阳，经济研究所2017级经济思想史专业博士研究生

青春寄语：

奋斗是青春最亮丽的底色。

党的十九大报告指出，广大青年要坚定理想信念，志存高远，脚踏实地，勇做时代的弄潮儿，在实现中国梦的生动实践中放飞青春梦想，在为人民利益的不懈奋斗中书写人生华章！新时代是奋斗者的时代。作为承载民族未来希望的当代青年，保持昂扬的奋斗姿态理应成为上海社科院培养出来的学生的标签。中国梦是历史的、现实的，也是未来的。我们作为社会主义的接班人，中华民族伟大复兴的中国梦终将在一代代青年的接力奋斗中变为现实。

尚社青年应坚定不移地坚持党的领导。习近平总书记强调："广大青年要坚持用邓小平理论、'三个代表'重要思想、科学发展观武装头脑，把理想信念建立在对科学理论的理性认同上，建立在对历史规律的正确认识上，建立在对基本国情的准确把握上，不断增强道路自信、理论自信、制度自信，增强对坚持党的领导的信念，永远紧跟党，高高举起中国特色社会主义伟大旗帜。"尚社学子作为推动社会进步的生力军，在学习生活中，应自觉用习近平新时代中国特色社会主义思想武装头脑，坚定而纯粹地信仰马克思主义，积极传播科学理论和主流思想，不断创新马克思主义传播的时效性和时代感。对于尚社的党员同志以及积极向党组织靠拢的入党积极分子，应该做到将马克思主义中国化理论学思用贯通、知信行统一，做共产主义的忠实信仰者、自觉践行者、坚定捍卫者。

尚社青年应树立崇高的人生理想。习近平总书记强调："广大青年一定要坚定理想信念。理想指引人生方向，信念决定事业成败。没有理想信念，就会导致精神上'缺钙'。中国梦是全国各族人民的共同理想，也是青年一代应该牢固树立的远大理想。中国特色社会主义是我们党带领人民历经千辛万苦找到的实现中国梦的正确道路，也是广大青年应该牢固确立的人生信念。"尚社学子在读书学习之前应该首先摒弃低级趣味，以报效祖国作为己任，树立崇高的理想，为中华崛起而读书，为实现四个现代化而读书，为实现国家繁荣富强的中国梦而读书。

尚社青年应具备努力奋斗的精神。习近平总书记强调："中国的未来属于青年，中华民族的未来也属于青年。青年一代的理想信念、精神状态、综合素质，是一个国家发展活力的重要体现，也是一个国家核心竞争力的重要因素。当今中国最鲜明的时代主题，就是实现'两个一百年'奋斗目标、实现中华民族伟大复兴的中国梦。当代青年要树立与这个时代主题同心同向的理想信念，勇于担当这个时代赋予的历史责任，励志勤学、刻苦磨炼，在激情奋斗中绽放青春光芒、健康成长进步。"尚社学子应该做好自身的本职工作，认真完成学习任务，努力探索科研工作，聚焦学术能力，充实自身理论和实践能力，为日后的工作打好基础，时刻准备着为祖国贡献自己的力量。

尚社青年应积极参与实践活动。习近平总书记指出："广大青年要保持初生牛犊不怕虎的劲头，不懂就学，不会就练，没有条件就努力创造条件。'志之所趋，无远弗届，穷山距海，不能限也。’对想做爱做的事要敢试敢为，努力从无到有、从小到大，把理想变为现实。要敢于做先锋，而不做过客、当看客，让创新成为青春远航的动力，让创业成为青春搏击的能量，让青春年华在为国家、为人民的奉献中焕发出绚丽光彩。”广大尚社学子不仅要在学术上保持探索精神，葆有旺盛的学术生命力，而且要在各项实践活动中能够借助自身优势，多参与社会民生的考察调研，多进行创业创新实践，在各项活动中发挥自身价值，为社会作出最大贡献。

总之，青年要“为世界进文明，为人类造幸福，以青春之我，创建青春之家庭，青春之国家，青春之民族，青春之人类，青春之地球，青春之宇宙，资以乐其无涯之生”。我们尚社青年身处新时代，理应要有新作为。因此，我们一定要不忘初心、牢记使命，坚定不移跟党走，努力在实现中国梦的生动实践中放飞青春梦想，在为人民利益的不懈奋斗中书写人生华章！

赵　菩

莫忘少年凌云志，曾许天下第一流

赵菩，世界经济研究所 2016 级国际政治硕士研究生

青春寄语：
不悔以往不谏，不惧来者可追。

回想我们国家的发展历程，是在不断艰苦奋斗的路上、在不断摸索改进的途中才取得现在的成绩。2019 年是中华人民共和国成立 70 周年，是五四运动 100 周年，也是上海解放 70 周年。回顾过去，令人骄傲；展望未来，令人向往。

常常在路上、在食堂、在站台、在很多地方都会听到一句话——“幸福是奋斗出来的”。每每此时，总是会不禁想起自己奋斗的历程，有时候会感觉有点苦涩，但更多的是欣慰，因为自己未负韶光，初心犹存；同时也感到庆幸，有幸能和一个如此富有生命力和朝气的国家一同成长，实现自己人生的价值。父亲常常告诉我，做人应“心怀祖国，放眼世界”。时至今日，初心未改。从小学习书法、武术、竹笛等中国传统艺术，学习中国历史、思想、文学等中国传统文化。白驹过隙，倏然已学二十载。在大学期间，我也是希望实现目标理想，因此选择国际政治作为专业，愿可放眼世界，服务祖国，实现人生价值，携当初少年凌云志，在学习工作中创一流。

百尺竿头须进步，十方世界是全身

20 年的书法和武术学习生涯，带给我的不仅仅是毅力和沉稳冷静的性格，也不仅仅是技艺上的提升和多次在地方或全国大赛中的获奖，更多的是前进的动力。我一直牢记“心怀祖国，放眼世界”，在已学习了太极、南拳、长拳等中国传统武术的基础上，也学习了拳击、柔道、跆拳道等，将不同国家的文化成果进行吸收对比，在世界中看中国，更加具有自豪感。

如果说曾经的学习让我以中国的眼睛看世界，那大学和研究生期间的学习就是教会我如何用世界的眼睛看中国，让我看到中国融入世界的活力，中国在世界历史中的进步。历史中开拓世界的人物，他们认真务实、踏实肯干的精神令我十分感动。“读万卷书，行万里路”，在以后的学习和生活中，我也要时刻意识到要将自己所学用于国家建设和人民需要，珍惜时光，努力进取，不断丰富自己的专业知识，继续保持勤奋进取的好习惯。

纸上得来终觉浅，绝知此事要躬行

学习不能就仅停留在表面，也要与实践相结合。如曾经只是听说文职工作需要十分细致和耐心，直到切身参与，才理解其中的烦琐和不易。有幸能在上海新闻办秘书处获得真实工作的体验，明白了公文书写的要求、文件内容的概括总结、文件资料的备份、资料的检查整理、信息的录入以及信息分发和装送、文本翻译等各种准备活动等都是十分细致的工作，需要投入时间与耐心。我也曾经在国际马拉松、青年汉学班、联合国教科文组织的多语言冠军挑战赛等国际活动中担任志愿者，不仅增长了知识，也结识了诸多好友。世事洞明皆学问，回想这些经历，我最大的感悟是，无论大事小事、急事缓事，都要认真及时地完成，不堆积任务，不拖延时间。

长安何处在？只在马蹄下

做一件事有一件事的收获。人生旅途中会有诸多学习和工作经历，我有诸多好奇与困惑，也会思考这些经历对我成长的意义。但是无论意义如何，目标在远方，路在脚下，认真做好自己现在的事情，永不停止前进，就是对生活和世界最好的态度，也是对这些经历最重要的答复。尽管途中会遭遇挫折，也有可能失败，但人生何处不青山，何惧风斜雨蹒跚呢？要把蓝图变为现实，还有一场新的长征。路虽然还很长，但时间不等人，容不得有半点懈怠。我们决不能安于现状、贪图安逸、乐而忘忧，必须不忘初心、牢记使命、奋发有为，努力创造属于新时代的光辉业绩！

编 后 记

2019年是一个特殊的年份，在5月，我们先后迎来“五四运动”100周年和上海解放70周年；在10月，举国上下庆祝新中国成立70周年。借此契机，同时为践行共青团上海市委部署开展的“青春心向党，建功新时代”主题宣传教育活动，落实上海社科院党委在全院部署开展的“脚力、眼力、脑力、笔力”教育实践工作，上海社科院团委和青管中心于2019年4月发起以“尚社青年奋斗新时代”为主题的征文活动。经过收集、整理、评比、校对、排版，如今终于付梓，历时半年有余。回想这一过程，可以用三个关键词概括。

第一个关键词是“青春涌动”。征文通知发布后，院内各研究所、机关处室和直属单位的团员青年积极响应、踊跃投稿。很多人主动询问细节要求，和同仁一起讨论论述角度和形式，在与主办单位沟通后多次对文章进行修改优化；征文活动还得到了很多部门领导的大力支持，他们非常关心本部门青年的投稿情况，并对文章提出有针对性的宝贵意见。截至5月上旬，共收到全院投稿73篇，其中科研人员28篇，行政人员15篇，研究生30篇。

第二个关键词是“智库特色”。在来稿中，很多青年科研人员讲述自己的故事，回顾从象牙塔毕业进入智库工作的适应过程，逐步在理论研究和决策咨询中掌握平衡，扎实推进自己的学术研究工作；还有从课题研究的社会影响角度出发，反映青年科研人员接地气、做实事，服务上海和国家发展战略，彰显了尚社知识分子的责任与担当。行政人员在国家高端智库建设过程中改进工作思路，优化工作方法，协同奋进、攻坚克难；从他们的文中，可以读出管理工作者在一线事务中的务实态度，为科研工作服务的“敬业、勤业、精业”精神。研究生在投稿中表示，他们从学习生活中感知时代脉搏，追求心中梦想，积极融入具有智库特色的学习和研究实践,尽显尚社青年学子的蓬勃风采。

第三个关键词是“内外互动”。院分管领导、主要部门负责人对团委和青管中心主办的征文活动予以高度重视和充分肯定,认真评析每篇文章的特色、亮点及可能存在的不足,为征文集的出版奠定重要基础。领导和专家认为,此次征文活动充分展现了我院团员青年的精神面貌和时代风采,激励和引领了广大团员青年弘扬民族精神、时代精神和上海城市精神,为进一步推进国家高端智库建设提供了有力的精神支撑。2019 年 6 月,从上海市宣传系统青年工作委员会传来消息:我院开展的此次活动在上海市宣传系统“文化青年奋斗新时代”主题征文活动中荣获“优秀组织奖”。这是对我们工作的极大肯定和继续前行的动力支持。

为此,上海社科院团委和青管中心要特别感谢团市委和市宣传系统青工委的指导、院党委的支持和上海社科院出版社的精心编辑,还要感谢投稿的科研人员、行政人员和研究生,他们笔下记录青春的文字是那么的引人入胜,引领我们进入平凡人成就的不平凡世界。

现在,我们的征文集已为您呈上。打开书,一篇篇充满青春热忱的文字给人连续不断的惊喜;合上书,一幅幅尚社青年拼搏向上的画面浮现在脑海。青春,因奋斗而无悔。

李天驹

2019 年 11 月

图书在版编目(CIP)数据

尚社青年奋斗新时代 / 答浩主编. —上海：上海社会科学院出版社，2019
ISBN 978-7-5520-2962-8

Ⅰ. ①尚… Ⅱ. ①答… Ⅲ. ①成功心理—青年读物
Ⅳ. ①B848.4-49

中国版本图书馆 CIP 数据核字(2019)第 252871 号

尚社青年奋斗新时代

主　　编：答　浩
副 主 编：任　捷　何　源
执行主编：李天驹
责任编辑：董汉玲
封面设计：周清华
出版发行：上海社会科学院出版社
上海顺昌路 622 号　邮编 200025
电话总机 021-63315947　销售热线 021-53063735
http://www.sassp.cn　E-mail:sassp@sassp.cn
排　　版：南京展望文化发展有限公司
印　　刷：上海信老印刷厂
开　　本：720×1020 毫米　1/16 开
印　　张：12.75
插　　页：2
字　　数：186 千字
版　　次：2019 年 11 月第 1 版　2019 年 11 月第 1 次印刷

ISBN 978-7-5520-2962-8/B·267　定价：65.00 元